数码摄影后期处理秘笈

Photoshop CC
商品照片精修

严晨 杨智坤 著

U0225891

图书在版编目（CIP）数据

数码摄影后期处理秘笈——Photoshop CC 商品照片精修／严晨，杨智坤著．—北京：机械工业出版社，2015.4

ISBN 978-7-111-49894-0

Ⅰ．①数…　Ⅱ．①严…　②杨…　Ⅲ．①图象处理软件　Ⅳ．①TP391.41

中国版本图书馆 CIP 数据核字（2015）第 071474 号

　　商品摄影作为众多摄影题材中的一种，具有非常明显的目的性，主要是为了让观者看到照片而产生购买欲望。商品照片处理是网店美工、平面设计人员必须掌握的一项职业技能。本书立足于商品照片处理全流程，剖析一张优秀的商业作品是如何通过一步步的照片处理获得的。

　　全书共分为 12 章。Chapter 01 和 Chapter 02 为基础知识，分别介绍与修片相关的商品摄影知识和软件知识；Chapter 03 ~ 07 分别为商品照片的快速修复、光影调整、色彩调修、抠图应用、细节美化等内容，主要介绍专业化的商品照片调整技法及应用要点；Chapter 08 ~ 12 为专题处理，包括精品服装、鞋类箱包、流行饰品、手机数码、家居及其他商品等各种不同种类商品照片的处理技巧。

　　本书内容丰富、实例精美，具有较高的学习价值和使用价值，适合摄影爱好者、平面设计工作者、网店美工、网页设计人员等相关行业人员使用，也可供 Photoshop 初中级读者自学使用。

数码摄影后期处理秘笈——Photoshop CC 商品照片精修

出版发行：机械工业出版社（北京市西城区百万庄大街 22 号　邮政编码：100037）

责任编辑：杨　倩

印　　刷：北京盛兰兄弟印刷装订有限公司

版　　次：2015 年 5 月第 1 版第 1 次印刷

开　　本：190mm×210mm　1/24

印　　张：10

书　　号：ISBN 978-7-111-49894-0

定　　价：59.00 元

凡购本书，如有缺页、倒页、脱页，由本社发行部调换

客服热线：（010）88378991　88361066

购书热线：（010）68326294　88379649　68995259

投稿热线：（010）88379604

读者信箱：hzjg@hzbook.com

前言
Foreword

商品摄影是摄影艺术中的一项较常见的拍摄主题，一幅优秀的商品摄影作品包括了诸多因素，我们观察到很多商品照片中的商品在构图、明暗、色彩等方面都表现得非常不错。但是即使是很专业的摄影师也不一定能够一开始就拍摄出完美的商品照片，因此后期处理是创作优秀商品作品的必经过程。除此之外，商品照片处理还是完成各类电商广告、平面广告、海报、传统画册等平面设计作品的基础。摄影师在完成商品的拍摄后，往往要选择一些相关的图像处理软件对拍摄的照片进行美化，美化后的图像才能被应用到商业宣传活动中。

本书的主要创作目的

要实现商品照片的各项后期处理工作，就需要掌握专业的照片处理软件——Photoshop。《数码摄影后期处理秘笈——Photoshop CC商品照片精修》以Photoshop为基础，根据商品照片处理的操作顺序，将摄影前期与后期工作结合起来，步步深入地为读者介绍商品照片处理的专业性技法，让读者掌握商品照片处理的全流程，并能根据商品要表现的特点，设计出更符合消费者心理的作品。

本书的主要内容及层次结构

本书以商品照片后期处理为出发点，全面讲解商品照片处理的实用性技法。全书共分12个章，按基础、技法、专题处理的顺序安排各个章内容。

第1部分为基础知识，包括了Chapter 01写在修片之前和Chapter 02 与修图相关的软件基础知识两个章内容，主要讲解不同商品的拍摄技巧、注意事项以及商品照片处理时经常使用到的Photoshop工具与面板等。

第2部分为商品照片处理专业技法，包括了Chapter 03~Chapter 07共5个章的内容，分别讲解了商品照片的快速修复、光影调整、色彩调修、抠图应用与细节处理美化商品等内容。

第3部分为专题处理，包括了Chapter 08~Chapter 12共5个章的内容，针对服饰、鞋类、箱包、饰品、手机数码、家居等几大类流行商品，采用详尽的步骤进行一一讲解，让读者了解不同类型的商品在后期处理时需要注意的技术与方法。

本书特色

1.理论与实践相结合：本书突破其他传统照片处理图书要么只讲解照片处理的相关基础知识，要么只讲解具体的操作方法的模式，采用了理论与实践相结合的方法，首先对技术要点进行分析，然后再对该知识在商品照片中的具体应用进行讲解，让读者知道为什么要运用该技术来处理照片以及最终可以实现的画面效果。

2.丰富的技巧提示与摄影技术：在对商品照片进行处理时，将处理过程中需要注意的操作技巧单独提炼出来，让读者更加注意一些操作上的小问题，同时还在一些实例前插入部分摄影小知识，使摄影前期与后期工作结合得更为紧密。

3.特定的商品处理：以实例讲解商品照片的修饰处理后，还对服饰、鞋类、箱包、家居用品等几大主流商品的处理进行单独的讲解，让读者在面对不同类别的照片处理时，能够更加得心应手。

其他

本书由北京印刷学院严晨老师编写Chapter 01~Chapter 07部分内容，由北京市环境与艺术学校杨智坤老师编写Chapter 08~Chapter 12部分内容。特别感谢北京印刷学院数字媒体艺术实验室（北京市重点实验室）在本书的出版过程中提供的大力资助。尽管作者在编写过程中力求准确、完善，但是书中难免会存在疏漏之处，恳请广大读者批评指正，让我们共同对书中的内容一起进行探讨，实现共同进步。

编　者
2015年2月

一、加入微信公众平台

方法一：查询关注微信号

打开微信，在"通讯录"页面点击"公众号"，如图 1 所示，页面会立即切换至"公众号"界面，再点击右上角的十字添加形状，如图 2 所示。

图 1

图 2

然后在搜索栏中和输入"epubhome"并点击"搜索"按钮，此时搜索栏下方会显示搜索结果，如图 3 所示。点击"epubhome 恒盛杰资讯"进入新界面，再点击"关注"按钮就可关注恒盛杰的微信公众平台，如图 4 所示。

图 3

图 4

关注后，页面立即变为如图 5 所示的结果。然后返回到"微信"页中，再点击"订阅号"进入所关注的微信号列表中，可看到系统自动回复的信息，如图 6 所示。

图 5

图 6

方法二：扫描二维码

在微信的"发现"页面中点击"扫一扫"功能，页面立即切换至如图8所示的画面中，将手机扫描框对准如图9所示的二维码即可扫描。其后面的关注步骤与方法1中的一样。

图7

图8

图9

二、获取资料地址

书的背面有一组图书书号，用"扫一扫"功能可以扫出该书的内容简介和售价信息。在微信中打开"订阅号"内的"epubhome 恒盛杰资讯"后，回复本书书号的后6位数字，如图10所示，系统平台会自动回复该书的实例文件下载地址和密码，如图11所示。

图10

图11

三、下载资料

1. 将获取的地址，输入到 IE 地址栏中进行搜索。

2. 搜索后跳转至百度云的一个页面中，在其中的文本框中输入获取的密码，然后单击"提取文件"按钮，如图12所示。此时，页面切换至如图13所示的界面中，单击实例文件右侧的下载按钮即可。

提示：下载的资料大部分是压缩包，读者可以通过解压软件（类似 Winrar）进行解压。

图12

图13

方法①：使用IE播放器播放视频

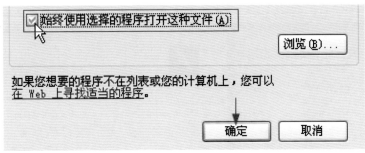

STEP01 打开资源包中存放多媒体视频 STEP02 右击要播放的SWF视频文件，在弹出的菜单中执行"打
的文件夹 开方式>选择程序"

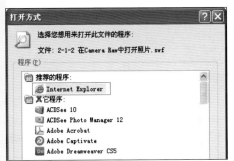

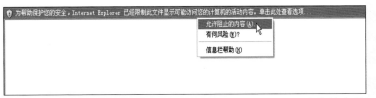

STEP03在弹出的"打开方式"对话 STEP04接着"打开方式"对话框下方勾选"始终使用选择
框中的"推荐的程序"列表中选择 的程序打开这种文件"前的复选框，此处设置后再次打开
"Internet Explorer"选项。 SWF格式的文件，将自动使用IE浏览器播放

STEP05此时该SWF视频文件将在IE浏 STEP06 单击IE浏览器弹出的安全选项提示，在弹出的菜单中单
览器中打开，而IE浏览器将由于安全原 击选择"允许阻止的内容"选项，接着在弹出的"安全警告"对
因阻止视频播放并弹出安全警告选项。 话框中单击"是"按钮，允许IE播放此文件。

STEP07完成以上操作后，该SWF即可在IE浏览器中进行播放，此后双击打开其他的视频文件均可在IE浏览器中自动播放。

STEP02 可以看到下载的Flash Player软件图标如下，该软件不用安装，可直接双击运行。

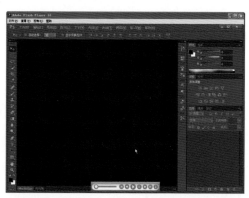

STEP04 完成以上操作后，该视频即可在Adobe Flash Player中进行播放。

方法②：使用FlashPlayer播放视频

STEP01使用Flash Player播放视频，首先需要下载该软件，在各大搜索网站中输入"flashplayer_10_sa_debug"可得到大量结果，挑选一个下载地址进行下载。

STEP03 选择要播放的视频文件，按照前面介绍的方法，选择打开文件的方式为"Adobe Flash Player"

视频播放条按钮介绍

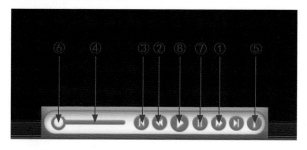

① 视频进度滑块　　　② 视频播放进度条

③ 重新播放按钮　　　④ 快退按钮

⑤ 播放按钮　　　　　⑥ 暂停按钮

⑦ 快进按钮　　　　　⑧ 视频信息按钮

目录 Contents

Chapter 01　写在修片之前　　　1

Chapter 02　与修图相关的基础知识　　　15

Chapter 03　商品照片的快速修复　　　27

Chapter 04　商品照片的光影调整　　　　　　　　45

Chapter 05　商品照片的色彩调修　　　　　　　　65

Chapter 06　商品照片的抠图应用　　　91

Chapter 07　细节处理美化商品　　　117

Chapter 08　精品服装   141

Chapter 09　鞋类箱包   155

Chapter 10　流行饰品   171

Chapter 01

写在修片之前

商品是众多摄影题材中非常特殊的一种拍摄题材。因为商品摄影具有明显的目的性，它的目的是让观者看过照片后产生购买的欲望，因此一幅好的商品摄影，不仅需要美观，更要能反映商品的本质特征。在本章中，会为读者讲解商品拍摄的技巧、好的商品照片具备的条件、商品照片处理需要做哪些操作等，通过对本章学习，为后期商品照片的处理奠定基础。

本章重点

- 商品照片与其他摄影照片的区别
- 理解商品摄影的目的
- 不同类型的商品拍摄技巧
- 一张好的商业照片具备的必要条件
- 在拍摄的时候为后期留下余地
- 商品照片处理的要点与误区

1.1 商品照片与其他摄影照片的区别

商品是众多摄影题材中的一种，它具有非常明显的目的性，因此商品摄影也考验拍摄者对光线、构图等摄影技法的掌握程度。商品拍摄不同于其他艺术类摄影，它不需要表现照片的艺术性价值和较高的审美品位，而是需要准确还原商品的"色"与"质"。虽然商品拍摄对照片的艺术价值要求不高，但也不是枯燥乏味的，它同样也需要借助光线、色彩来表现并突出商品特点。

商品拍摄与其他类摄影不同，不需要有多么复杂的环境烘托，只要求简单高效，因此对环境要求也相对较简单，可选择一个固定的地点对其进行拍摄。在同一环境中，只要对环境进行简单的布局，就能呈现出不同的商品拍摄效果。

在右侧的图像中，分别展示了在同一布景下拍摄的鞋子效果。在相同的环境下摆放上不同的商品对象，可以拍摄出一组不同的女鞋照片效果。

商品摄影与其他类摄影在用光上也会有一定的区别。在拍摄不同类别的商品时，会根据要表现的商品特征进行照片的布光应用。若选择了不恰当的光线运用，不仅不能突出商品的特点，反而会把观者带入一些误区。若用光恰当，则能突出商品的品质。如左图中，拍摄的是一个装蜡烛的器皿，拍摄者选择在室内拍摄，利用顶光的拍摄方式较好地突出了商品晶莹剔透的材质特点。

1.2 理解商品摄影的目的

商品摄影是商业宣传的一部分，主要通过拍摄者的技法将商品的优点完美地表现出来，使观者看到照片后产生强烈的购买欲，从而达到宣传效果。所以对于商品摄影来讲，拍摄技法是非常重要的，拍摄者需要根据商品的特点选择不同的用光方法，并根据商品自身的材质和外形来控制画面影调，借助不同的表现手法，使商品更具有魅力。要想拍摄出好的商品摄影作品，就需要先了解商品摄影的目的。商品摄影的目的就是充分表现商品的特点，向观者推销这件商品。所以好的商品摄影既可以突显摄影者的高超技术，也能使观者了解到商品的价值和优点。

消费者大多较为关注商品的材质和外形，因此，在拍摄时可重点突出材质和外形。

突出材质方面：拍摄者最好选择近距离拍摄，这样可以将商品的细节纹理都表现出来。

如右图所示，拍摄者选择了不同的角度拍摄水晶项链，通过近距离拍摄，着重表现商品的细节质感，并结合虚实对比，突出了饰品轮廓特征。

展现外形方面：如果商品的正面外形比较突出，拍摄者可考虑从正面进行拍摄，着重突出其外形特征；如果商品的形状比较特别，拍摄者则可以采取侧面拍摄，突出其立体形状。

如左图所示，在拍摄车子时，选择远距离全景和斜侧面拍摄，这样既可以将车子的外形表现出来，也能表现出车子的立体感。而采用顶光拍摄，还能使画面中的车子出现反光，表现出金光闪闪的效果。

1.3 不同类型的商品拍摄技巧

商品拍摄的好坏直接影响着商品的销售。现在市场上的商品可谓是琳琅满目，主要包括了服饰、箱包、饰品、数码产品、家居用品等。对于不同类型的商品拍摄，都有其独特的拍摄方法和技巧，在下面的小节中会一一向大家讲解不同类型的商品的拍摄技巧和要点。

1.3.1 服饰类

服饰拍摄在商品摄影中是最为常见的。服饰拍摄与人像拍摄不同，它主要表现的对象是人物的服饰，而不是人物对象。因此，画面表现的重点应在服饰上面。通常在拍摄服饰时，为了表现出服饰的材质，需要对它的细节进行着重拍摄。在拍摄的时候可以适当收缩一些光圈，这样不但可以表现出景深效果，而且还能在提高镜头分辨率的同时，让衣服面料的细节得到更清晰的展现。

在服饰拍摄时，为了更好地展现服饰的特点，除了正面拍摄外，还可以运用不同的方位来拍摄，如侧面、背面等。具体拍摄时可以让模特转动或者调整自己的拍摄方位等方式来实现，这样多角度的拍摄更利于服饰特点的表现，让观者能从各个方位查看到该服饰的样式特点。

1.3.2 箱包类

箱包是用来装东西的各种包包的统称，包括了背包、单肩包、挎包、腰包以及多种拉杆箱等。随着人们生活和消费水平的不断提高，各种各样的箱包已经成为人们身边不可或缺的饰品。人们对箱包的要求不仅限于实用性，还要求起到装饰的作用。根据消费者对象的不同，箱包的材质更是丰富多样，如真皮、PU、帆布等。对于各类箱包的拍摄，都有其共同的拍摄技巧。

各类箱包在出售之前，都是被放置到指定的包装盒内，这种情况下，包包难免会出现"皱纹"。在拍摄之前，为了避免这些"皱纹"的出现，可以将包包用挂钩吊起来，然后在包包里面放置一些塑料袋或废报纸，拉直包包的同时，也让包包更有型，让消费者清楚地知道在实际使用中包包的模样。然后在后期处理时可以把画面中的挂钩去掉，这样呈现出来的包包显得更加漂亮。

包包通常都是由特定的材质做成的，在拍摄时为了充分表现包包的材质，最好将特定部分放大。对于包包来说，肩带、拉链等都是突出包包品质的主要表现区域。在拍摄时，可采用微距拍摄，大幅收缩光圈，让包包的细节部分都能清晰地展现出来。如下图所示，牢固的缝制、闪闪发光的金属拉链、精细的磨纹帆布压花等，这些细节的表现，不但能从不同的角度展现包包的各个方面，而且也能提升消费者的购买欲望。

1.3.3 饰品类

爱美的女性总是经不起饰品的诱惑，在网上浏览各式各样的饰品时，不仅很容易被漂亮的图片吸引，也能在心理上得到很大的满足。当然，在拍摄饰品时，也会有很多技巧的，只有通过技巧性的拍摄，才能让的饰品更加光彩照人。

在众多饰品中，水晶类饰品最为常见。这类水晶类饰品在拍摄时既要体现出切割面的光泽，同时也需要表现出饰品的透明性，在拍摄时可以直射光为主，在补光时可用反光板或反光镜来打造有层次的光，突出饰品切割面。

除了水晶类饰品外，还有切割面较多的钻石类饰品和金属饰品等。拍摄切割面较多的钻石类饰品时要让切割面闪闪发光，形成璀璨效果，在拍摄时，可选用直射光加补光的方式进行拍摄，使钻石各个切割面形成不同的透视效果，且在不同棱边形成高光。拍摄金属类饰品如手表时既要表现出饰品的造型，也要表现出其特有的细腻和光泽，可以选择从斜向45°拍摄，展现表盘面的立体构造以及镜面产生的反光效果。

1.3.4 数码产品

数码产品带给我们全新的视听体验，让越来越多的人享受到前所未有的便利。数码产品的种类也是五花八门，由于现在在网络上销售的数码产品价格相比实体店便宜。因此很多人选择在实体店中试用后，再到网上选择购买。网上的数码照片都显得非常漂亮，体现出拍摄者高超的拍摄技巧。

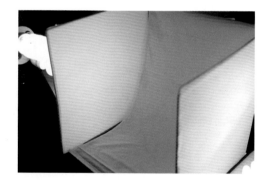

大多数电子产品材质都非常光滑，在拍摄时容易倒映其他物体，最好的解决方法就是搭建静物棚，柔化环境中的光线，避免多余的景物投射到产品上，如右图所示。

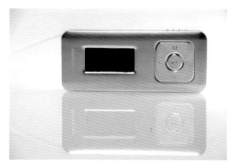 

如左图所示，拍摄的是MP3照片，由于MP3采用的金属材质，反光性极强，因此在拍摄的时候使用柔光拍摄，以展现商品细腻、柔润的特点。同时，拍摄者恰到好处地利用了商品表面的反光大小，来表现其质感，让商品更加形象、更加生动化。

现在的数码产品多具有轻薄等特点，在拍摄时如何将这一特点突显出来？最好的方法是借助一些人们熟悉的参照物作对比来拍摄，给人以直观的视觉感受。如右图所示，在拍摄平板电脑时，在电脑旁边放置了一张银行卡，让观者能更清楚地知道平板电脑的大小；在拍摄移动电源时，通过将硬币竖立起来放到移动电源的侧面，很好地说明了移动电源的厚度。

1.3.5 家居生活类

家居生活类商品总有很多的卖家，如何让自己的商品在众多卖家中脱颖而出，让买家选择自己的商品？一方面是靠店铺信誉，另一方面则是靠商品详细的展示图。好的商品展示图，不但可以起到修饰商品的作用，更能让商品的形象深入人心。

家居生活类商品的拍摄更要注意商品的实际性用途，在拍摄时，可以将商品融入到合适的环境中，利用环境来烘托主体对象，突出商品的实用性。如左侧的两幅图像所示，分别拍摄的是灯具和茶具，拍摄者通过选择适合于表现商品的环境进行拍摄，让人看一眼就能知道该商品的作用，增强了商品的表现力和说服力。

1.4 一张好的商业照片具备的必要条件

随着商业摄影的不断发展，商品摄影师运用自己独特的拍摄手法，向商家呈现了一幅幅优秀的商业摄影作品。很多摄影爱好者常会思考：什么样的商品照片才能算是优秀的商品摄影照片呢？其实，归纳起来，一幅优秀的商业摄影作品至少在构图、用光、色彩或创意等某一个方面尤其突出。

1.4.1 构图

构图是体现商品特征的重要因素之一，一张优秀的商品照片往往都是经过摄影者精心构图以及设计的。在商品摄影的构图上，应当遵循一个重要的原则，那就是简洁，简洁的构图可以更好地向消费者展示商品的主要特点，让消费者根据照片就能了解商品的实际用途。

在商品摄影中，需要具备丰富的构图方法和技巧。针对不同的商品特点，可以选择合适的构图方式对画面进行处理。常见的商品构图方式包括黄金分割点构图、中心点构图、对角线构图以及留白构图等。选择合适的构图方式，能够让我们拍摄到的商品主体在画面中显得更为突出，起到加强宣传的作用。如左图所示展示了在中心点构图下，商品获得的饱满的画面效果。

1.4.2 光线

光线是摄影的基础，没有光线的存在，不但不会存储摄影，世间万物都不会存在。由此可见，在商品摄影中，光线对商品的影响也是至关重要的，无论是户外，还是室内，无论是自然光，还是人造光，摄影者应最大限度地利用这些光源，创作出一幅幅生动的商品摄影作品。摄影者在拍摄时，即使对光线把握不是很准确，也会通过后期处理，对其进行调整，呈现出商品最完美的状态，如右图所示即为调整光线后所获得的画面效果。

拍摄商品对象时，无论是运用人造光还是自然光，都必须考虑光线是从哪里照到商品上的，这样才能更好地表现商品主体。在摄影中，光线的照片方向分为顺光、侧光、逆光和顶光四种，不同方向的光线所表现的效果也会有所区别，顺光适合于表现商品丰富的色彩，侧光适合于表现商品的立体感，逆光适合于表现商品的轮廓形状，而顶光则适合于一些小商品的拍摄。针对不同的商品拍摄，选择合适的光线照射，会让我们所拍摄出来的商品更加形象。如果在拍摄时没有对光线做到准确的把握，也可以通过后期处理，获得较好的商业照片效果。

如左侧第一张图像所示，在拍摄盆栽时，拍摄者选择了顺光方式拍摄，这样更好地突出了盆栽植物叶片的叶脉、色彩变化，再通过后期的适当调整，增强明暗层次。而第二张图像则是选择逆光方式拍摄，让画面中心的玩偶产生明亮的轮廓线条，让观者看到更多的商品细节。

1.4.3 色彩

由于人类天生对色彩的敏感，因此，色彩是人们了解并判定商品特点、作用的主要方式。

对于商品摄影而言，恰当的色彩搭配不仅可以展示更多的商品特点，也会让作品更加出"色"，从而让画面视觉冲击力增强，提高人们对商品的购买欲望。如右图所示拍摄的是一款棒球帽绕线器，简洁明快的色彩搭配是主要卖点。在拍摄时，只需准确地还原商品的色彩，就能获得一张不错的商业照片。

当然并不是所有的商品照片拍摄出来的效果都非常好，如果在拍摄时，没能对商品的色彩进行准确把控，很容易导致商品照片出现偏色或是色彩不够饱满的情况，这种照片显然不是一张优秀的商品摄影照片。此时，要想获得一张好的商业照片，就可以通过后期处理，对照片的色彩加以修复与润饰，在还原商品本质特征的同时，得到更绚丽的画面。如左图所示，即为运用照片处理软件调整颜色后得到的漂亮的画面效果。

1.5 在拍摄的时候为后期留下余地

优秀的商品摄影必定离不开专业的后期处理，通过对拍摄的商品照片进行合适的后期修饰，可以让其变得更加出彩。但是，并不是所有的商品照片都可以通过后期处理就能达到理想的效果。由此可见，照片的前期拍摄也是非常重要的。有时候或许会因为摄影者拍摄时一点小小的处理不当，就会为后期修片带来一些不必要的麻烦。所以，摄影者在按下快门时，就应该考虑为后期留下余地。

1.5.1 RAW 格式为后期处理保留更多的处理空间

RAW的意思是"原始数据格式"，因此RAW格式文件包含了数码相机的感光元件的最初感光数据，没有经过相机的任何处理，是真正意义上的"电子底片"。RAW格式文件不是一种图像格式，而是一个完整的数据包，若在拍摄时选择以RAW格式存储，则可以在后期处理时，最大限度地还原拍摄的环境，让商品呈现最佳的画面效果。绝大多数的数码单反相机都可以RAW格式进行拍摄。

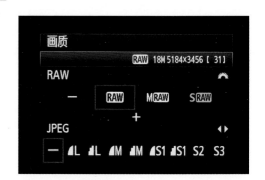

设置RAW格式输出的照片，由于没有经过相机的加工处理而更加接近人眼所见。与此同时，RAW格式的照片因为最大限度地利用了相机的感光元件，所以照片所记录的画面细节也更加完整。即使曝光不足造成细节被暗色覆盖，也能通过后期处理轻松找回来，如右图所示，将照片以RAW格式存储，通过调整图像颜色后，可以看到画面中保留的更多细节。

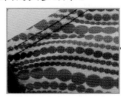

1.5.2 准确的构图为后期节省时间

构图对照片的效果呈现是非常重要的。即使拍摄者使用的是最顶级的摄影器材，不合理的构图还是会影响照片效果。如果拍摄时没有经过思考就随便拍摄，则很有可能导致通过后期裁剪也无法得到一张构图良好的摄影照片。

如右侧第一幅图像所示，拍摄了一个包包，画面中采用了整洁的构图方式，在后期处理时，仅仅通过裁剪的方式，将多余的背景裁剪，就可以得到非常饱满的画面效果。而第二幅图像，由于在拍摄时，纳入了过多的元素，导致画面显得有些零乱，即使通过后期处理，也不一定能达到令人满意的画面效果。

1.5.3　简单的背景便于后期修图

取景是一件应该被严肃对待的事情，不要将希望全部寄托在后期处理上。只有拍摄者围绕被摄主体多多走动，寻找最佳的拍摄角度，避免画面中出现太多的干扰元素，才不至于让杂物影响后期处理的操作。

① 单一背景色让主体更突出

在拍摄商品对象时，往往会将拍摄对象置于一定的环境中进行拍摄，在简洁的背景下拍摄，不仅便于后期对照片的明暗、颜色进行调整，更便于将商品从整洁的背景中轻松地抠取出来。

② 用景深方式简化背景

并不是所有商品都能在整洁的环境中拍摄，当影响被摄主体的杂物过多时，即使无法将这些杂物抹去，那么也可以通过适当的虚化处理，让其变得模糊，同样可以得到主体突出的视觉效果，从而在后期处理的过程中，减少对背景的虚化处理等操作。

1.5.4 包围曝光给自己多留几张

包围曝光是指利用数码相机在同一场景中对同一物体选择多种不同曝光量拍摄出的多张照片，这样，在后期处理时，拍摄者可以从中选择曝光效果最满意的一张进行编辑，为后期处理留下更大的选择空间。

在特定的拍摄环境中，要想获得一张曝光较理想的商品照片，并不容易，而选择包围曝光的方式进行拍摄，会减少商品照片曝光不理想的情况出现，在多张不同的照片中进行选择，往往可以得到更适合于表现商品特点的画面效果。下面几张图像就是通过包围曝光的方式所获得的图像效果。

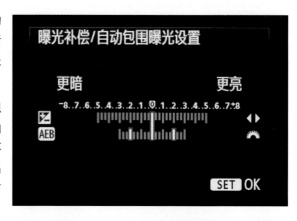

1.5.5 从多个角度拍摄让后期有更多的选择

在实际拍摄过程中，即使只针对一个被摄主体，拍摄者也应该从多个角度进行取景，从而让后期处理有更大的选择空间。通常来说，取景角度的变化，需要拍摄者的自身移动以及借助地势的高低来配合完成。

俯角度、平角度和仰角度是三种最常见的取景角度，分别适合于不同的拍摄场合。通过这几种取景角度的变化，往往就能获得截然不同的画面效果，拍摄者应多加尝试。此外，拍摄时的取景角度还包含正面、背面、侧面等，通常能够展现出被摄主体不同的姿态和感觉。

1.6 商品照片处理的要点与误区

　　照片的后期处理是增加摄影作品表现效果的主要方式，通过运用图像处理软件对不完美的商品照片进行校正或修饰，去除照片中影响主体表现的瑕疵、污迹，再通过增强照片色彩、影调等，获得更完美的影像效果。在进行后期处理之前，除了需要掌握必备的相关照片处理知识，同时还需要了解照片处理要点，避免进入一些商品照片处理的误区，这样才能真正展现影像的魅力，还原商品的自身特点。

1.6.1 商品照片处理的要点

　　调整照片的构图是商品照片处理的第一步。如果拍摄出的照片构图不正确或不完美，都会削弱照片的表现效果，难以突出拍摄的主体对象，这就需要通过后期处理工作来重新调整画面构图，结合商品照片的内容选择更符合主题表现的构图方法，使画面在更具视觉美感的同时突出商品对象的表现。

　　商品照片处理最为重要的一步就是修复照片瑕疵。当照片中出现杂乱的元素、污点、污渍时，就会大大降低照片的品质。此时，就需要通过后期修复功能去除这些瑕疵，还原照片干净、整洁的画面。

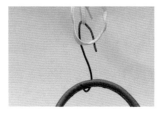

　　除了修复照片瑕疵，对照片曝光的调整也同样非常重要。如拍摄照片时，曝光过度或曝光不足，都会影响到商品细节的展现，此时，就需要通过后期处理调整画面曝光度，提高或降低亮度、对比度等，增强画面光影的展现，获得明暗层次清晰的优质照片效果。

调色是后期处理必经过程，对于很多摄影爱好者来说，都需要将拍摄到的商品照片进行后期调色处理。如果照片出现色彩偏差，就需要利用颜色校正功能，校正偏色还原商品真实色彩；如果照片的色彩暗淡，则需要调整照片的色彩饱和度，还原商品的饱满色彩。

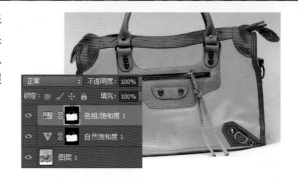

调整照片颜色后，最后一步就是对照片进行美化，如为商品对象替换新的背景、锐化展现更多细节、模糊背景添加景深效果等。通过对照片的美化处理，可以增加照片的美观性，加强商品对象的表现力，提高观者对商品的购买欲。

1.6.2　商品照片处理的误区

商品照片的拍摄是为了最大限度地向消费者展现商品的本质特征，因此，在后期处理时，应当尽量避免造假。在对商品后期处理时，很多时候为了让画面更加漂亮，往往会对色彩进行调整，商品照片的调色与其他摄影照片调色不同，它需要准确还原商品本质特征，但是有人在对其进行调色时，仅仅注重美观性，而随意地更改了商品的色彩，这样就导致照片中展示的商品与实际购买到手的商品不符，引起不必要的麻烦。

如左图所示，在调整时因为处理不当，导致鞋子的颜色发生了变化，黄色的鞋子变成了橘色，这样，不仅不能起到美化图像的效果，而且让观者误以为鞋子是橘色的。

Chapter
与修图相关的
基础知识 02

运用修图软件对商品照片进行处理前，需要掌握一些与商品修图相关的基础知识，只有充分了解了图像处理的基本概念与必备的软件知识，才能在商品照片后期处理过程中，快速完成照片的后期处理，获得更理想的图像效果。在本章中，会为读者介绍与商品修图中相关的基本概念、修图软件Photoshop的主要功能等，通过对本章的学习，读者能够对修图有一个初步的了解。

本 章 重 点

- 照片处理的基本概念
- 认识Photoshop CC界面构成
- 修图之前的首选项设置
- 修图中常用面板简介
- 掌握用于修图的主要工具

2.1 照片处理的基本概念

　　学习商品照片处理之前，需要对照片处理所需的一些专业术语和基础概念性知识进行了解。在处理数码照片时，经常会提到如像素、分辨率、颜色模式以及图像格式等，这些均是商品照片过程中必须掌握的基本概念，用户只有清晰掌握这些概念在照片处理中的重要作用，才能在处理照片的过程中，轻松获得更有魅力的图像。本小节会对这些知识一一进行讲解。

2.1.1 像素与分辨率

　　像素是计算数字图像的一个基础单位，也是构成图像的最小单元。像素是由Picture(图像)和Element(元素)两个单词组成的。

　　像素与数码照片的清晰度是密切相关的，在点阵图像上照片会被转换为许多小方格，而这每个小方格就被称为像素。一张照片单位面积内所包含的像素越多，画面就越清晰，图像的色彩也越真实。像素值越高的商品图像，经过后期处理后同样能保持较高的清晰度。将图像打开后，选用"缩放工具"在商品位置不断单击，放大数倍后，可以清楚地看到画面中出现的小方块，如右图所示。

　　分辨率是指图像在一个单位长度内所包含像素的个数，以每英寸包含的像素数进行计算。分辨率越高，所输出的就越清晰；分辨率越低，所输出的就越模糊。分辨率较大的图像可以在后期处理时，根据需要对照片进行更自由的裁剪，而分辨率较小的图像经过裁剪很容易变得模糊。

　　像素和分辨率共同决定了打印图像的大小，像素相同时，若分辨率不同，那么所打印出的图像大小也会不同。如左侧的两幅图像所示，当分辨率为300时，画面显示非常清晰，且保留了照片中更多的细节信息；而当分辨率为30时，轻微地放大图像，就会导致画面变得模糊。

2.1.2 颜色模式

照片的色彩能够直观地反映出不同的商品特征。照片的精修离不开照片色彩的调整。Photoshop中有数个不同的色系，称之为颜色模式，它是照片调色的基础，其中主要包括RGB颜色模式、CMYK颜色模式、Lab颜色模式、灰度模式、双色调模式、索引颜色模式等。在对商品照片进行后期处理时，可以根据照片最终用途，在各种颜色模式之间进行适时的转换。

① RGB颜色模式

RGB颜色模式是通过对红（R）、绿（G）、蓝（B）三个颜色通道的变化以及它们相互之间的叠加来得到各式各样的颜色。RGB颜色模式是显示器所用的模式，也是Photoshop中最常用的一种色彩模式。在Photoshop中打开照片未进行编辑前，图像均显示为RGB颜色模式，在此模式下可以应用Photoshop中的几乎所有的工具和命令来编辑图像。

在RGB颜色模式下，当三种颜色以最大饱和度的强度混合时便会得到白色，去掉所有三色时则会得到黑色。打开RGB颜色模式的图像后，在"通道"面板中可以看到RGB和红、绿、蓝四个通道。

② CMYK颜色模式

CMYK颜色模式是一种印刷模式，其中四个字母分别指青（Cyan）、洋红（Magenta）、黄（Yellow）、黑（Black），在印刷中它们分别代表四种颜色的油墨。CMYK颜色模式与RGB颜色模式在本质上没有太大的区别，主要是产生色彩的原理有所不同，在RGB颜色模式中由光源发出的色光混合生成颜色，而在CMYK颜色模式中由光线照到有不同比例C、M、Y、K油墨的纸上，部分光谱被吸收后，反射到人眼的光而产生颜色。CMYK颜色模式是一种依靠反光的色彩模式，其产生颜色的方法被称为色光减色法。

如果需要把处理后的照片打印出来，通常在打印之前，需要把处理后的照片转换为CMYK颜色模式。CMYK颜色模式的图像在"通道"面板中会显示青色、洋红色、黄色和黑色四个颜色通道。

③ Lab颜色模式

Lab颜色是由RGB三基色转换而来的，Lab颜色模式是RGB模式转换为HSB模式和CMYK模式的一个桥梁。Lab模式由三个通道组成，其中第一个通道为明度通道，另外两个通道为色彩通道，分别用字母a和b来表示。a通道包括的颜色是由深绿色到灰色，再到亮粉色；b通道是从亮蓝色到灰色，再到黄色。打开Lab颜色模式的图像，在"通道"面板中可看到该颜色模式下的通道组成。在Lab模式下定义的色彩最多，在处理照片时将图像转换为此模式后，通过调整可以让照片产生较明亮的色彩。

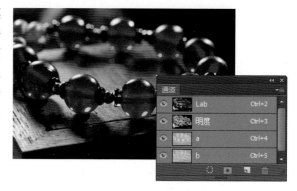

④ 灰度模式

灰度模式中只有黑、白、灰三种颜色而没有彩色，它是一种单一色调的图像，即黑白图像，在灰度模式下，亮度是唯一影响灰度图像的要素。灰度模式可以使用多达256级灰度来表现图像，使图像的过渡更平滑细腻。灰度图像的每个像素有一个0（黑色）到255（白色）之间的亮度值。在商品照片处理过程中，将图像转换为灰度模式，可以表现出商品古色古香的怀旧韵味。

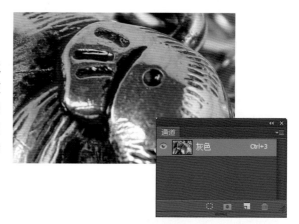

2.1.3 存储格式

Photoshop CC支持的图片存储格式有很多，不同的文件格式，其存储方式和应用范围也不同。在Photoshop中执行"图像>存储"或"图像>存储为"菜单命令，打开"另存为"对话框，在对话框"保存类型"下拉列表中即可查看或选择图像的存储格式，下面对几种常用的存储格式进行介绍。

① PSD格式

PSD格式是"Photoshop Document"的缩写，是Photoshop处理软件的专用图像格式，它具有极强的操作灵活性，是非常强的文件格式，用户可以很便捷地更改或重新处理PSD格式的文件，在输出照片之前，最好选择PSD格式存储图像，便于用户能够随时对处理的照片进行修改。

PSD格式保留了Photoshop中所有的图层、通道、蒙版、未栅格化的文字以及颜色模式等信息。保存图像时，若需要保留编辑过程中所使用的图层，则一般都选用Photoshop（PSD）格式保存。PSD格式在保存时会将文件中的调整图层、通道等所有信息都保留下来，因此以该格式存储的图像所占用的存储空间也会更多。

② JPEG格式

JPEG格式是数码相机用户最熟悉的存储格式，是一种可以提供优异图像质量的文件压缩格式。JPEG格式可针对彩色或灰阶的图像进行大幅度的有损压缩，它主要工作原理是利用空间领域转换为频率领域的概念，人的眼睛对高频的部分不敏感，因此就对该部分进行压缩，达到了减少文件大小的目的。一般情况下，若不追求图像过于精细的品质，都可以选用JPEG格式存储，JPEG格式的图像多用于网络和光盘读物上。

③ TIFF格式

TIFF格式是一种非失真的压缩格式，一般应用于不同的平台以及不同的应用软件中。TIFF格式是文件本身的压缩，即把文件中某些重要的信息采用一种特殊的方式记录，文件可完全还原，能保留原有图像颜色和层次，它所保存的图像文件比JPEG图像格式保存的图像文件更清晰，该格式的成像质量和兼容性都比较好。如果拍摄的数码照片将用于印刷出版，那么最好采用非压缩格式的TIFF格式，这样可以有效地保证照片输出的效果与计算机中所显示的效果一致。

④ PDF格式

PDF文件格式是Adobe公司研发的一种跨平台、跨软件的专用图像格式。PDF文件可以将文字、字型、格式、颜色以及独立于设备和分辨率的图形图像封装于一个文件中。以PDF格式存储的文件可包含超链接文本、声音以及动态影像等，因此它的集成性和安全可靠性都比其他格式要高很多。PDF格式文件使用了工业标准的压缩算法，比PostScript文件小，且易于传输和储存，当需要将照片传给不同的人观看时，可以选择此格式，以提高传输速度。

⑤ PNG格式

PNG格式是网上接受的最新图像文件格式，它能够提供长度比GIF格式小30%的无损压缩图像文件，并且提供 24位和48位真彩色图像支持以及其他诸多技术性支持。在完成商品照片的处理后，可以选择以PNG格式存储，这样如果需要将图像上传至网络，不仅可提高上传速度，还便于在不同浏览器中快速阅览图像。

⑥ Compuserve GIF格式

Compuserve GIF格式最多只能存储256色的RGB颜色级数，因此，以该种格式存储的文件相比其他格式更小，与PNG格式相同，Compuserve GIF格式也适用于网络图片的传输。因为Compuserve GIF格式存储的颜色数量有限，所以在存储之前，需要将图像的模式转换为位图、灰度或者索引等颜色模式，否则无法存储文件。

认识Photoshop CC界面构成

　　Photoshop 是最常用的商品照片后期处理软件，与其他照片处理软件相比，具有更为简洁、美观和人性化的操作界面，用户运用它能够快速完成商品照片的精修工作。在计算机中安装Photoshop CC软件，用户可以执行Windows任务栏中的"开始>所有程序>Adobe Photoshop CC"菜单命令启动程序，也可以创建快捷方式，通常双击桌面上的快捷方式图标，启动Photoshop CC应用程序。启动后的工作界面如下图所示，从图像上可以看到Photoshop CC的工作界面主要由菜单栏、选项栏、工具箱、面板等几部分组成。

菜单栏：提供了10个菜单命令，几乎涵盖了Photoshop中能使用到的所有菜单命令

选项栏：设置选择工具的工具选项，随着用户选择的工具的不同，所显示的选项也会不同

工具箱：将Photoshop的功能以图标的方式聚在一起，在工具箱中单击即可选中工具

图像编辑窗口：用于对图像进行绘制、编辑等操作，用户在Photoshop中对图像执行的所有操作效果都会反映到图像编辑窗口

状态栏：显示当前图像的文件大小、当前打开图像的显示比例等

面板：用于设置和修改图像，集合了Photoshop中一些功能相似的选项，使用面板中的选项可完成更准确的照片编辑

2.3 修图之前的首选项设置

运用Photoshop编辑的文件通常都非常大，大量信息用于存储那些记录着图像颜色的像素，当打开一幅文件后，就会将相关的信息传送至计算机的存储器或内存中，并占用计算机空间。因此，为了让后期处理更为流畅，在使用Photoshop CC对照片进行精修之前，可以先对首选项进行优化设置。

Photoshop中的许多设置存储于Adobe Photoshop CC Prefs文件中，其中包括了常规显示选项、透明度选项、文件暂存盘等。对这些选项都可以通过"首选项"进行设置，启动Photoshop CC后，执行"编辑>首选项>常规"菜单命令，打开"首选项"对话框，如右图所示。

"首选项"对话框左侧显示了"常规""界面""同步设置""文件处理""性能""光标""透明度与色域""单位与标尺""参考线、网格和切片""增效工具""文字"多个选项，单击需要设置的选项，就会在右侧显示相应的参数设置，单击不同选项，在右侧所显示的参数也会不同。如下图所示的三幅图像分别展示了"文件处理""性能"和"参考线、网格和切换"三个选项卡中的选项。用户也可以单击"首选项"对话框右上角的"下一个"或"上一个"按钮，分别切换到下一个或上一个选项卡。

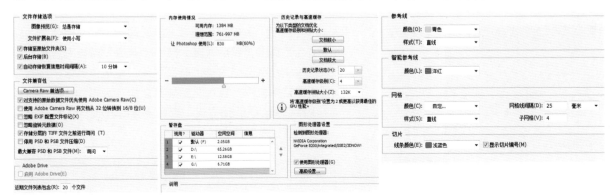

修图中常用面板简介

　　面板是面向对象的可视化操作平台，不但可以在其中进行一系列的设置，而且还是反馈信息的对象。使用Photoshop调色功能调整对照片进行后期调色时，常常会使用到一个或多个面板，下面对一些在调色时经常会使用到的面板进行简单的介绍。

2.4.1 "图层"面板

　　图层是处理图像信息的平台，在Photoshop中对照片做的任何操作都不能脱离图层单独进行。对图层进行应用，更改图层的混合模式，能够使图层产生特殊的效果。Photoshop中应用"图层"面板来编辑和管理图像中的图层，在操作中出现的所有图层都能够在"图层"面板中查看到，如右图所示。在"图层"面板中可以选择不同类型的图层，并且可以创建新图层、复制图层、添加图层蒙版等。

2.4.2 "通道"面板

　　"通道"面板用于显示打开图像的颜色信息，通过设置通道达到管理颜色信息的目的。不同颜色模式的图像，其通道也不同。在启动Photoshop CC后，单击工作窗口中的"通道"标签，将切换至"通道"面板，在面板中列出了当前图像中所有通道。

　　位于"通道"面板最上层的通道为复合通道，另外的几个通道为颜色通道，单击"通道"面板右上角的扩展按钮，将会弹出通道面板菜单，菜单中显示了所有的通道菜单命令，执行这些菜单命令，可在"通道"面板中创建新的Alpha通道、专色通道等，也可以对选择的通道进行复制等操作。

2.4.3 "调整"面板

　　"调整"面板用于快速创建非破坏性的调整图层，帮助用户快速地调整多种不同的调整图层。在未显示"调整"面板的情况下，执行"窗口>调整"命令，就可以将隐藏的"调整"面板显示出来。

　　"调整"面板中列出了用于创建调整图层的多个按钮，单击各个不同的按钮，会在"图层"面板中创建一个对应的调整图层。单击不同的调整按钮，会在"图层"面板中得到不同的调整图层。

2.4.4 "属性"面板

　　"属性"面板集中了所有调整图层的设置选项和蒙版选项。在"调整"面板中单击调整命令按钮后，"属性"面板中会显示对应的调整选项，如右图所示，在"属性"面板中设置选项，会将设置的选项应用于当前正编辑的图像中。

　　在商品照片精修时，经常需要抠图，通过运用蒙版进行图像的抠取，可以根据需要对照片进行背景的替换。在图像上添加图层蒙版后，可以运用"属性"面板中的选项，调整蒙版效果，如蒙版浓度、蒙版羽化以及调整蒙版边缘、颜色范围、反相。如左图所示，单击"图层"面板中的蒙版缩览图，打开"属性"面板，在面板中即显示对应的蒙版选项。

2.5 掌握用于修图的主要工具

对于商品照片而言，前期的拍摄固然重要，但是后期的精修调修也必不可少，只有运用恰当的工具对照片进行精细的处理，才能表现出商品的特点，勾起观者购买的欲望。运用Photoshop处理商品照片时，经常会使用到多种工具，结合多种工具的混合使用，对照片的构图、光影、色彩或形态进行修饰，可以让拍摄的商品变得更加美观，起到更好的宣传效果。下面对一些常用的修图工具进行简单的介绍。

2.5.1 规则选框工具

商品照片的后期处理离不开对象的选取，若要选取圆形、方形这些最简单的几何形状的商品对象时，需要应用规则选框工具进行选择。Photoshop CC中，规则选框工具包括"矩形选框工具""椭圆选框工具""单行选框工具"和"单列选框工具"，它们主要用于创建矩形、椭圆、单行和单列的规则选区。默认情况下选中"矩形选框工具"，打开图像后，在图像上单击并拖曳，将绘制出矩形选区效果。

如果需要选择工具箱中的其他规则选框工具，可以在工具箱中右击"矩形选框工具"按钮或是长按该按钮，将弹出隐藏的规则选框工具。选择"椭圆选框工具"，可在图像中单击并拖曳鼠标，绘制出椭圆形或正圆形选区；选择"单列选框工具"，可在图像中单击，创建出一条1像素宽的竖向选区；选择"单行选框工具"，可在图像中单击，创建出一条1像素宽的横向选区，下面三幅图像分别为运用不同工具创建的选区效果。

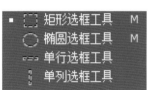

2.5.2 不规则选区工具

规则选框工具仅适合于外形较为单一的商品对象的选区，在选择一些外形相对较复杂的商品对象时，就需要使用不规则选框工具进行选择。如果需要根据颜色选取图像，可以应用Photoshop中的"魔棒工具"和"快速选择工具"来完成。"魔棒工具"和"快速选择工具"这两个工具都是根据图像中的颜色区域来创建选区，不同的是，"快速选择工具"根据画笔大小来创建选区范围，"魔棒工具"通过容差值大小来创建选区范围。单击工具箱中的"魔棒工具"按钮，在弹出的隐藏工具中可以选择"魔棒工具"和"快速选择工具"。

如右图所示，打开商品素材，选择"魔棒工具"，在背景上单击，创建选区，单击"添加到选区"按钮，连续在背景中单击后，可将整个图像添加到选区。

对于不规则对象的选取，除了应用"快速选择工具"或"魔棒工具"以外，还可借助"套索工具"组中的工具进行选取。"套索工具"组中的工具主要通过单击并拖曳的方式快速创建出选区效果。按住工具箱中的"套索工具"按钮不放，在弹出的隐藏工具中可看到"套索工具""多边形套索工具"和"磁性套索工具"，使用这三个工具能够准确地选中需要编辑的对象，实现更精细的图像修饰。

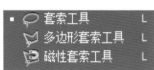

如左图所示，打开一张服饰素材，选择工具箱中的"磁性套索工具"，将鼠标移至裙子边缘位置，单击并拖曳鼠标，将会沿裙子边缘添加路径及锚点，在起点与终点重合时单击，即可创建选区，选中画面中的裙子。

2.5.3 图像修复类工具

　　拍摄的商品照片中，经常会因为外在环境或商品自身的原因，导致拍摄出的照片出现一些不可避免的瑕疵。在处理照片时，需要使用Photoshop中的图像修复工具对照片中出现的各种瑕疵进行修复，重新获得干净而整洁的画面，使商品更容易突显出来。Photoshop中常用的图像修复工具包括"污点修复画笔工具""修复画笔工具""修补工具""仿制图章工具"等，在具体的处理过程中，用户可以选择一个或多个工具来修复照片中出现的瑕疵。

　　打开一幅有瑕疵的鞋子素材，从原图像中可发现，背景中出现了大量与主题无关的多余图像，选择工具箱中的"修补工具"，在多余的图像位置创建选区，再将选区内的图像拖曳至干净的背景位置，释放鼠标，修复图像，则去除了多余的图像，得到了整洁的画面，使观者将注意力放在画面中的商品对象上。

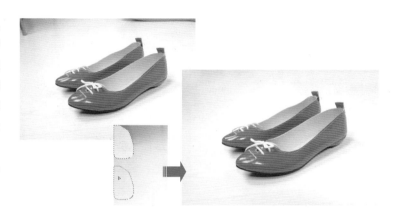

2.5.4 图像美化类工具

　　商品照片的后期处理，除了需要修复照片中的瑕疵外，还可以对商品做进一步的美化处理，例如加深\减淡图像的局部色彩、对照片进行适当的锐化、抠取图像替换原背景等。通过商品对象的美化设置，不但可以增加图像美观性，而且能吸引消费者的眼球。

　　下面的图像中，将喷溅的油漆叠加至鞋子图像上，运用"颜色替换画笔工具"更改其颜色，让图像颜色与商品更统一，再抠取鞋子图像，选择"锐化工具"在鞋尖的位置涂抹，锐化图像，增强鞋子的皮质感，经过设置后可以看到画面变得更加绚丽。

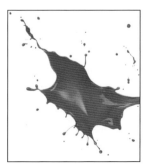

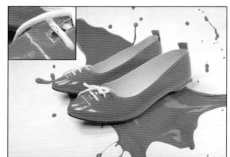

Chapter
商品照片的
快速修复
03

　　商品照片的快速修复包括修改照片的尺寸大小、快速去除照片污点和多余图像等。对于一些照片本身问题不大的照片，通常只需要几步简单的操作，就能使照片重新变得美观。在本章中，会为读者讲解对拍摄的商品照片的尺寸大小、构图方式进行调整，同时也会介绍照片中的瑕疵的处理方法，读者通过对本章的学习，能够完成商品照片的快速调修。

本 章 重 点

- 快速修改照片大小
- 扩展或缩小照片尺寸
- 快速裁剪照片
- 去除照片中出现的污点
- 去除照片中的多余影像
- 突出细节的仿制性修复

快速修改照片大小

> 　数码相机拍摄出来的照片尺寸一般都非常大，这些大尺寸的照片会占据大量的存储空间，也不利于网络传送和浏览。因此在后期处理时，经常会对照片的尺寸和比例进行处理。对于商品照片而言，合理的尺寸大小，便于观者直观地了解商品的外形及特点。

● 应用要点——"裁剪"命令

　Photoshop中提供了一个用于快速裁剪照片的裁剪命令，使用此命令裁剪照片前，需要在图像中确认要保留的图像。

　打开一张项链素材图像，为了让观者看清楚图中的项链，选用"矩形选框工具"在项链上方单击并拖曳鼠标，创建矩形选区，执行"图像>裁剪"菜单命令，执行命令后可看到选区外的图像被裁剪掉，只保留了选区中的项链，使画面中要表现的商品更加突出。

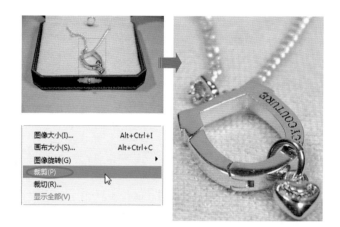

突出商品特征的对称式构图

● 难易指数　★☆☆☆

● 技术要点 ● 自由变换调整角度
　　　　　　　　"裁剪"命令裁剪照片

实例文件	素材\03\01.jpg
	源文件\03\突出商品特征的对称式构图.psd

Step 01 复制图层

打开素材\03\01.jpg素材文件，选择"背景"图层，按下快捷键**Ctrl+J**，复制图层，得到"图层1"图层。

Step 02 调整图像角度

按下快捷键**Ctrl+T**，打开自由变换编辑框，然后在选项栏中输入角度为**-0.75**，再按下键盘中的**Enter**键，按输入的角度旋转图像。

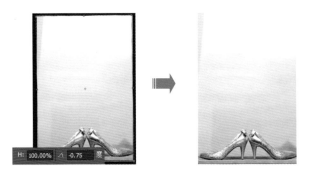

Step 03 绘制矩形选区

选择工具箱中的"矩形选框工具"，将鼠标移至图像下部分位置，单击并拖曳鼠标，绘制出矩形选区。

Step 04 执行"变换选区"命令

执行"编辑>变换选区"菜单命令，打开自由变换编辑框，单击并拖曳编辑框的各边线，调整编辑框的大小。

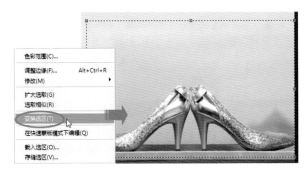

Step 05 变换选区

确认调整后的选框大小后，按下键盘中**Enter**键，应用变换效果，得到更为标准的矩形选区，并显示选区中的鞋子对象，执行"图像>裁剪"菜单命令，按照绘制的矩形选区的大小裁剪打开的图像，得到左右对称的构图效果。

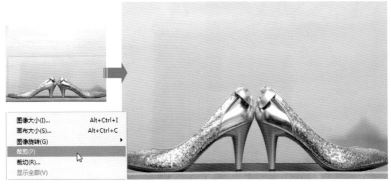

扩展或缩小照片尺寸

前面介绍了使用"裁剪"命令裁剪照片，修改照片的大小，在Photoshop中还可以使用"画布大小"命令来扩展或缩小照片尺寸。画布是图像中可以编辑的区域，Photoshop中"画布大小"命令主要就是用来调整编辑图像的大小，用户可以通过它来扩展或缩小画布，达到更改照片尺寸的目的。

● 应用要点 1——扩展画布

对照片的大小进行调整时，可以应用Photoshop中的"画布大小"命令进行设置。"画布大小"命令主要通过调整制作图像的区域大小来控制当前图像大小，使用此命令可以快速地扩展或缩小照片的尺寸。

打开一张商品照片后，执行"图像>画布大小"菜单命令，将打开"画布大小"对话框，对话框的上部分显示了当前打开图像的大小，下方"新建大小"区域则可以输入新的画布大小，输入的数值比原数值大时，就将扩展画布效果。

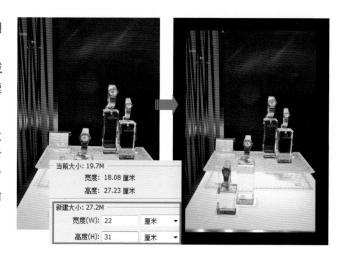

使用"画布大小"命令扩展画布大小时，可以更改扩展画布的颜色。单击"画布扩展颜色"下拉按钮，在打开的下拉列表中可以选择扩展画布颜色，其中包括前景色、背景色、黑色、白色等。如果这些预设颜色不适合当前打开的照片，用户也可以自定义扩展画布颜色，即单击右侧的颜色块，打开"拾色器（画布扩展颜色）"对话框，在对话框中单击并输入RGB值，可更改画布扩展颜色。

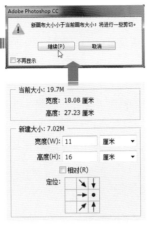

● 应用要点 2——缩小画布裁剪照片

使用"画布大小"命令不但可以扩展画布大小，也可以裁剪图像，缩小照片尺寸。当在"画布大小"对话框中输入的新建大小比原图像的宽度和高度值小时，单击"画布大小"对话框右侧的"确定"按钮，Photoshop将会弹出一个提示对话框，此对话框会询问用户是否需要对照片进行裁剪，单击"继续"按钮，就会根据输入数值，裁剪照片。

示例 定义适合表现商品的照片尺寸

● 难易指数 ★☆☆☆

● 技术要点 ▶ 用"画布大小"裁剪图像
▶ 更改图层混合模式

实例文件
素材\03\02.jpg
源文件\03\定义适合表现商品的照片尺寸.psd

Step**01** 执行"画布大小"命令

打开素材**\03\02.jpg**素材文件，执行"图像>画布大小"菜单命令，打开"画布大小"对话框，在对话框中显示当前所打开图像的原始宽度和高度。

Step 02 设置画布大小

单击"厘米"下拉按钮，选择单位为"像素"，然后重新输入照片的尺寸大小，设置"宽度"为1800像素，"高度"为1200像素。

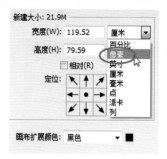

Step 03 裁剪图像

单击"确定"按钮，弹出提示对话框，单击对话框中的"继续"按钮，根据输入的数值，裁剪照片，再复制"背景"图层，将图层混合模式更改为"柔光"，"不透明度"改为50%。

技巧 自动裁剪并修齐照片

　　为了更好地向观者展示商品效果，拍摄者对商品从不同的角度进行拍摄，在后期处理时可以把这些拍摄的照片扫描至个人电脑中并对其进行整理。如果在扫描多张照片时，照片摆放的位置不正，则很有可能导致扫描出的照片倾斜，为后期处理带来一些不必要的麻烦。在Photoshop中提供了一个"裁剪并修齐照片"菜单命令，用于解决这一问题。打开扫描的照片后，执行"文件>自动>裁剪并修齐照片"菜单命令。

　　执行该命令后，稍等片刻，系统将自动识别到图像的边界，将扫描的多幅图像自动裁剪并修齐，并将这些图像分别放置到不同的文件中。

3.3 快速裁剪照片

在拍摄商品时，往往为了突出画面的主体，而忽略了画面的整体构图，在后期处理时，可以应用"裁剪工具"对照片的构图进行设置，使拍摄出来的商品更富有美感。使用"裁剪工具"对照片进行简单的操作后，不仅会让主体商品更加突出，而且会更适合于商品局部的细节展现。

专家提点 在数码相机中设置长宽比

许多数码相机都具有设置照片长宽比例的功能，在拍摄照片之前，可以在相机内直接通过设置获取不同长宽比的照片，这样在后期裁剪时可以更快地得到理想的构图效果。

● 应用要点 1——用裁剪工具自由裁剪

为了更好地向观者展示商品的特色，在后期处理时需要对照片进行适当的裁剪操作。使用"裁剪工具"可以快速地裁剪照片，将图像中需要突出显示的部分保留下来，而其他部分的图像则可以删除掉。运用"裁剪工具"裁剪照片还可以对照片进行二次构图，改变图像的视觉效果。

打开一张在室外拍摄的服饰商品照片，单击工具箱中的"裁剪工具"按钮，将鼠标移至画面中，单击并拖曳鼠标，绘制裁剪框，将需要保留的图像添加至裁剪框以内，如右图所示。

运用"裁剪工具"在图像上绘制裁剪框以后，还可以根据具体情况，调整裁剪框的大小和位置。如果觉得裁剪范围合适，则可以右击裁剪框中的图像，在弹出的菜单中执行"裁剪"命令或单击选项栏中的"提交当前裁剪操作"按钮，裁剪照片，将裁剪框以外的图像裁剪掉。

●应用要点 2——按预设大小快速裁剪

如果在裁剪照片时，无法确定裁剪的范围，我们可以尝试应用Photoshop中预设选项来快速裁剪照片。选择工具箱中的"裁剪工具"后，单击"比例"选项右侧的下拉按钮，在展开的下拉列表中可以看到系统提供了多个预设裁剪值，其中包括了"4×5英寸 300ppi""8.5×11英寸 300ppi""1024×768像素 92ppi"等。选择其中一个选项后，将根据此选项，调整裁剪框的大小并对照片进行裁剪操作。

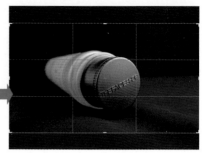

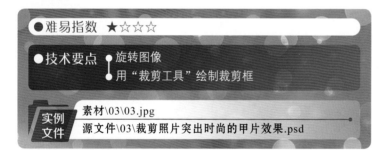

示例 裁剪照片突出时尚的甲片效果

●难易指数 ★☆☆☆

●技术要点
● 旋转图像
● 用"裁剪工具"绘制裁剪框

实例文件
素材\03\03.jpg
源文件\03\裁剪照片突出时尚的甲片效果.psd

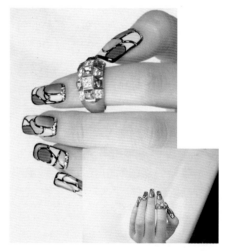

Step 01 执行旋转命令

打开素材\03\03.jpg素材文件，执行"图像>旋转>90度（逆时针）"菜单命令，按逆时针方向旋转照片，将照片从横向切换为竖向。

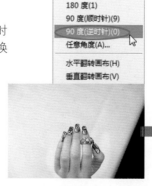
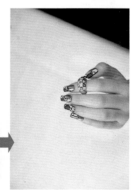

Step **02** 绘制裁剪框

选择工具箱中的"裁剪工具"，在人物的指甲位置单击并拖曳鼠标，绘制一个裁剪框，然后运用鼠标拖曳裁剪边框线，将裁剪框调整至合适大小。

Step **03** 裁剪图像并提亮图像

单击"裁剪工具"选项栏中的"提交当前裁剪操作"按钮 ✓，裁剪图像，将照片更改为纵向构图效果，突出了画面中漂亮的甲片效果。

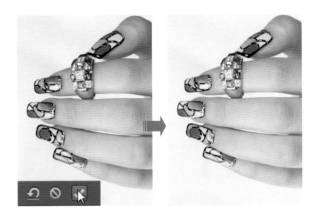

技巧 01 用裁剪参考线辅助裁剪

使用"裁剪工具"裁剪照片时，用户可以对预选的裁剪参考线进行更改，默认情况下，选择"三等分"选项，单击"裁剪工具"选项栏中的"裁剪参考线叠加"右侧的下拉按钮，在打开的下拉列表中即可选择适合于当前照片裁剪操作的裁剪参考线。

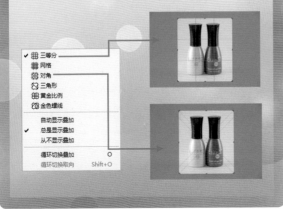

技巧 02 定义适合于商品主体的图像裁剪

通过对照片进行裁剪，可以更好地完成商品效果的展示。在"裁剪工具"选项栏中提供了"宽度"和"高度"两个数值框，用户可以根据需要裁剪的照片尺寸大小，设置裁剪的宽度和高度比例或像素值，快速将照片裁剪至指定的大小。当用户在这两个选项旁边的数值框中输入数值后，图像中将创建与之同等大小的裁剪框，按下Enter键就可以裁剪图像。

3.4 去除照片中出现的污点

照片中若出现多余的污点，不但会影响画面美感，而且会降低照片品质，在后期处理时，需要去除这些影响画面效果的污点。使用"污点修复画笔工具"或"修复画笔工具"，可以在图像中连续单击或涂抹，去除照片中出现的明显污点或瑕疵，得到干净而整洁的画面效果。

● 应用要点 1——污点修复画笔工具

"污点修复画笔工具"可快速移去照片中的污点和其他不理想部分，通过简单的单击即可完成。"污点修复画笔工具"会自动从所修饰区域的周围取样，来修复有污点的像素，并使样本像素的纹理、光照、透明度和阴影与所修复的像素相匹配。打开有污迹的照片，如下图所示，选择工具箱中的"污点修复画笔工具"，在照片中的污点位置连续单击，去除照片中出现的镜头污点。

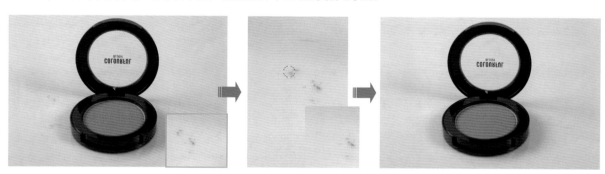

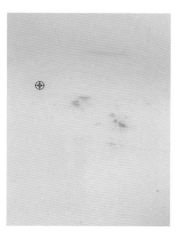

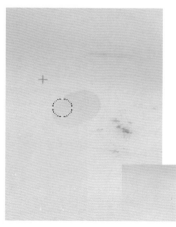

● 应用要点 2——修复画笔工具

"修复画笔工具"与"污点修复画笔工具"的功能相近，也可用于修复照片中的各类瑕疵。不同的是，使用"修复画笔工具"在修复瑕疵时，需要先在图像中设置修复源，即按下Alt键不放，在干净的图像位置单击，然后在污点瑕疵位置涂抹，进行瑕疵的修复操作。

示例 去除污点瑕疵让饰品更精致

- ● 难易指数 ★★☆☆

- ● 技术要点
  - "仿制图章工具"修复图像
  - 减少杂色"滤镜"去除杂色

实例 文件
- 素材\03\04.jpg
- 源文件\03\去除污点瑕疵让饰品更精致.psd

Step 01 查看污点图像

打开素材 **\03\04.jpg** 素材文件，选择工具箱中的"缩放工具"，在图像上连续单击，放大图像，此时在图像中会看到明显的镜头污点。

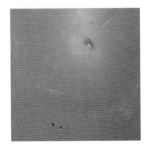

Step 02 单击取样图像

选择"背景"图层，拖曳至"创建新图层"按钮上，释放鼠标，复制图层，得到"背景拷贝"图层，选择"仿制图章工具"，按下 **Alt** 键不放，在干净的背景区域单击，取样图像。

技巧 01 复制并修复图像

在使用 Photoshop 去除商品污渍、灰尘等瑕疵前，通常需要对图像进行复制操作，便于用户能直观地查看图像修复前与修复后的效果。在"图层"面板中选中要复制的图层，并将其拖曳至"创建新图层"按钮上，释放鼠标后，就可以完成图层的复制操作，并生成对应的拷贝图层。

Step 03 涂抹修复图像

将鼠标移至原照片中的污点位置，单击并涂抹，修复图像上出现的污点，让画面变得干净。

Step 04 继续修复图像

选择"仿制图章工具"，按下Alt键不放，在反光图像旁边的红色区域单击，取样图像，再移至珠子图像中的白色高光位置，单击并涂抹，修复图像。

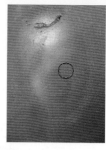
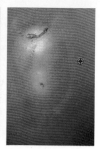

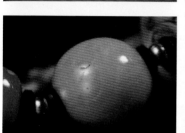

Step 05 查看效果

继续使用"仿制图章工具"在画面中的其他污点和反光位置单击并涂抹，经过反复取样及涂抹操作，削弱珠子上面的反光。

技巧02 可视化的污点修复

为了便于能够清楚地查看照片中的污点等瑕疵，可以运用Ligthroom中的"污点去除工具"来进行照片污点的修复。使用"污点去除工具"修复污点时，不但可以调整要修复的污点图像，也可以用于对修补的图像进行调节。将照片导入Lighthroom以后，单击窗口右侧的"污点去除工具"按钮，在图像中单击并拖曳，可看到Lightroom选用干净的商品区域修复原涂抹区域上的污点瑕疵。

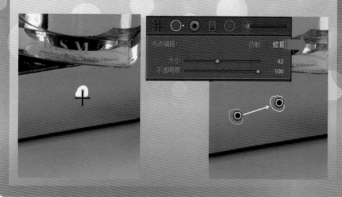

Step 06 设置"减少杂色"

执行"滤镜>杂色>减少杂色"菜单命令，打开"减少杂色"对话框，在对话框中输入"强度"为10，"保留细节"为22，"减少杂色"为14，"锐化细节"为24，设置后单击"确定"按钮，应用滤镜减少照片中的杂色。

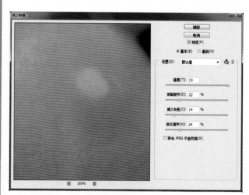

3.5 去除照片中的多余影像

摄影者在对商品进行拍摄时，往往需要将其放置到一定的环境中，当拍摄的照片中出现了多余的图像时，就需要通过后期处理加以删除。使用Photoshop中的"修补工具"可以快速去除照片中出现的多余图像，还原干净而整洁的图像。

● 应用要点——修补工具

如果需要对照片中大面积的污点进行修复操作，选用"污点修复画笔工具"和"修复画笔工具"会显得很麻烦，此时可以运用"修补工具"来实现。"修补工具"可以用其他区域或图案中的像素来修复选中的区域，并且可以将样本像素的纹理、光照和阴影与源像素进行匹配。使用"修补工具"修补图像前，需要在图像中将要修补的区域创建为选区，如右图所示，再将选区拖曳至替换的区域中，释放鼠标后方可进行图像的修复操作。

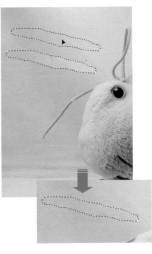

示例 修复照片中杂乱背景突出商品主体

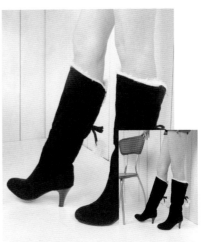

● 难易指数 ★★☆☆

● 技术要点 ● 用"裁剪工具"裁剪图像
　　　　　　● "修补工具"修补图像
　　　　　　● "修复画笔工具"仿制修复图像

实例文件　素材\03\05.jpg
　　　　　　源文件\03修复照片中杂乱背景突出商品主体.psd

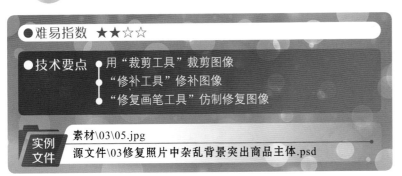

Step 01 绘制裁剪框

打开素材\03\05.jpg素材文件，单击工具箱中的"裁剪工具"按钮，并取消"删除裁剪的像素"复选框的勾选状态，设置后在图像中单击并拖曳鼠标，绘制裁剪框，根据图像大小调整裁剪框。

Step 02 裁剪图像

右击裁剪框中的图像，在弹出的快捷菜单中执行"裁剪"命令，将裁剪框以外的图像裁剪掉。

技巧 01 保留裁剪图像便于更改裁剪范围

"裁剪工具"选项栏提供了一个"删除裁剪的像素"复选框，默认情况下，会勾选此复选框，即会将裁剪框以外的图像裁剪；若取消勾选，则可以将裁剪框外的图像隐藏起来，并未做真正的删除，用户可以随时对裁剪范围进行调整，同时会在"图层"面板中将"背景"图层自动转换为"图层0"图层。

Step 03 绘制选区并拖曳

选择工具箱中的"修补工具"，在图像中的椅背位置单击并拖曳鼠标，绘制一个选区，再将选区内的图像拖曳至右侧的墙面位置，释放鼠标就可以运用新的图像修复原选区内的椅背。

Step 04 继续拖曳选区修复图像

选择"修补工具"，在下方的红色椅子位置单击并拖曳鼠标，创建选区，再将选区内的图像拖曳至上方无椅子的位置，释放鼠标，修补图像。

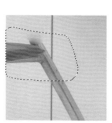

Step**05** 查看效果

继续使用"修补工具"对鞋子旁边的多余椅子图像进行修补操作,去除影响画面效果的多余图像。

Step**06** 修复画笔工具修补图像

选择工具箱中的"修复画笔工具",按下**Alt**键不放,在干净的背景上单击,取样图像,然后在没有修补整洁的背景中涂抹涂抹,继续进行图像的修复处理,经过反复的修复处理,得到更为干净的画面效果。

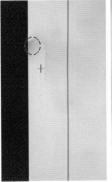

技巧**502** 用目标复制图像

在"修补工具"选项栏中提供了"源"和"目标"两个单选按钮,默认选中"源"单选按钮,此时将选区边框拖曳至要想从中进行取样的区域,则原来选中的区域会使用样本像素进行修补,若单击"目标"单选按钮,此时将选区边界拖曳至要修补的区域,则会使用样本像素修补选定的区域。

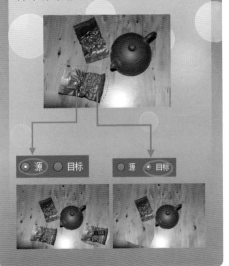

Step**07** 调整"色阶"

单击"调整"面板中的"色阶"按钮,新建一个"色阶"调整图层,在打开的"属性"面板输入色阶值为0、1.78、247,调整照片的明亮度,再添加图层蒙版,运用画笔在鞋子及下方的地面位置涂抹,还原涂抹区域内的图像的明亮度。

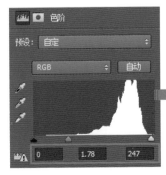

3.6 突出细节的仿制性修复

在后期处理时，为了让杂乱的画面变得干净，可以使用"仿制图章工具"对照片中的污点及多余图像进行仿制性的修复。使用"仿制图章工具"修复图像时，可以对仿制图像的不透明度进行调整，可使画面中较微小的细节都能够非常自然地融合在一起。

专家提点 选择简单的布景让画面更干净

在摄影棚内拍摄商品时多采用纯色背景布来拍摄，这样可以让拍摄出来的画面更干净，同时也能起到突出主体商品的作用。在具体拍摄时，可以适当调整拍摄角度，在获得干净画面的同时也赋予商品立体感。

● 应用要点——仿制图章工具

"仿制图章工具"可以将指定的图像区域如同盖章一样，复制到指定的区域中，也可以将一个图层的一部分绘制到另一个图层。"仿制图章工具"对于复制对象或移去图像中的缺陷很有用，在使用此工具时，需要先指定复制的基准点，即按住Alt键单击需要复制的位置进行图像的取样操作。

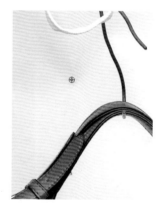

取样图像以后，将鼠标移至需要去除的多余图像上涂抹，就会运用取样区域的图像替换该涂抹区域的图像。在具体的操作过程中，用户可以按下键盘中的[键或]键，调整画笔涂抹的笔触大小，也可以重复进行取样、涂抹操作，进行更自由的图像仿制修复操作，直至画面变得干净为止。

示例 **复制图像修复照片中的多余物体**

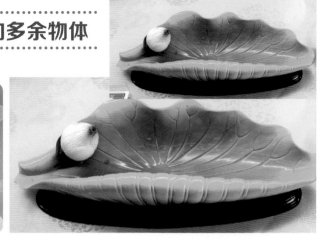

● 难易指数 ★★☆☆

● 技术要点
"仿制图章工具"去除多余图像
"减少杂色"滤镜去除噪点

实例文件
素材\03\06.jpg
源文件\03\复制图像修复照片中的多余物体.psd

Step**01** 复制图像

打开素材**\03\06.jpg**素材文件，选择"背景"图层，执行"图层>复制图层"菜单命令，打开"复制图层"对话框，单击"确定"按钮，复制图层，得到"背景拷贝"图层。

Step**02** 单击取样图像

单击工具箱中的"仿制图章工具"按钮，选中"仿制图章工具"，按下**Alt**键不放，在图像中单击，取样图像。

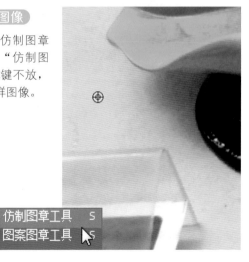

Step**03** 涂抹修复图像

取样图像后，将鼠标移至图像左下角的价签位置，单击并涂抹，用取样的图像替换左下角的价签。

技巧501 定义仿制图像的不透明度

运用"仿制图章工具"仿制修复图像时，为了使取样区域的图像能够与下方的图像更自然地融合到一起，可以在仿制图像前利用选项栏中的"不透明度"选项，调整图像仿制的效果。设置的"不透明度"值越大，仿制的图像效果越明显；"不透明度"越小，仿制的效果就越不明显。

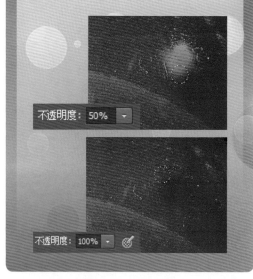

技巧502 对齐仿制图像

在"仿制图章工具"选项栏中设置了一个"对齐"复选框，默认已勾选此复选框，在每次停止并重新开始绘画时使用最新的取样点进行绘制。若取消勾选，则会从初始取样点开始绘制，与停止重新开始绘制的次数无关。

Step04 继续修复图像

继续使用"仿制图章工具"在价签位置涂抹操作，修复左下角的价签图案。

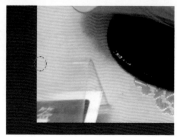

Step05 反复涂抹修复图像

按下Alt键不放，再次在价签旁边单击取样图像，继续在价签位置反复地涂抹，经过繁杂的涂抹操作后，可以看到去除了图像中明显价签对象，得到了更干净的画面效果。

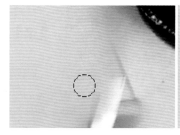

Step06 设置滤镜去除杂色

盖印图层，执行"滤镜>Camera Raw滤镜"菜单命令，打开"Camera Raw"对话框，在对话框中单击"细节"按钮，切换至"细节"选项卡，在选项卡中输入"颜色"为50，"颜色细节"为12，单击"确定"按钮，去除照片中的杂色。

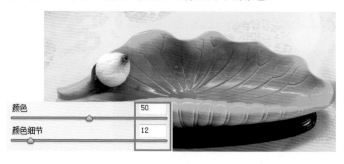

Chapter
商品照片的
光影调整
04

曝光对照片效果有着非常重要的影响，商品照片自然也不例外。在后期处理时，可以运用Photoshop中的光影调整命令，如曝光度、亮度/对比度、曲线等，对照片中的曝光度、明亮度以及对比度进行调整，修复照片中的光影问题，使画面中的商品主体更加符合其品质的表现。在本章节中，会为读者讲解如何运用Photoshop中的调整命令调整商品照片的光影，让画面中的商品更加吸引人。

本 章 重 点

- 照片曝光度掌控
- 照片的亮度和对比度的处理
- 图像明暗的快速调整
- 局部的明暗处理
- 照片暗部与亮部的细节修饰

照片曝光度掌控

在后期处理时，对于一些曝光不准确的照片，可以通过后期处理，对照片的曝光度进行调整，修复曝光不足或曝光过度的图像。使用Photoshop中的"曝光度"命令可以运用预设的曝光度快速调整照片的曝光情况，也可以通过拖曳选项滑块，让照片恢复到正常曝光状态。

专家提点　关闭闪光灯拍摄精美小饰品

商品的拍摄是为了真实地还原场景中被摄物体的材质和色彩，因此在拍摄物品时，如非特别需要可以关闭闪光灯，避免因光线较硬而产生强烈的反光效果，影响画面的整体效果。

●应用要点——"曝光度"命令

Photoshop中提供了专业化的曝光调整命令——"曝光度"。"曝光度"命令通过添加或降低曝光量来校正照片中的不准确曝光。要调整曝光度时，将照片在Photoshop中打开，执行"图像>调整>曝光度"菜单命令，就将打开"曝光度"对话框，在对话框中输入数值或拖曳选项滑块即可对照片的曝光进行调整。

如右图所示，打开一张拍摄的曝光不足的商品照片，执行"曝光度"命令后，打开"曝光度"对话框，在对话框中向右拖曳"曝光度"滑块至+3.39位置，再将"灰度系数校正"滑块拖曳至1.24，设置后可看到画面变得更明亮。

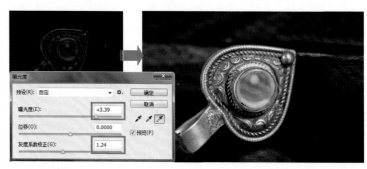

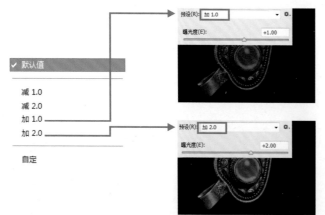

使用"曝光度"命令调整照片曝光时，可以通过选用预设的曝光调整快速调节照片的曝光情况。在"曝光度"对话框中单击"预设"下拉按钮，在展开的下拉列表中可看到系统预设的"减1.0""减2.0""加1.0"和"加2.0"四个预设曝光值，选择任意一个选项，下方的"曝光度"值都会自动发生变化。

示例 让曝光不足的商品变得更精致

● 难易指数 ★★☆☆

● 技术要点 ┃ 用"曝光度"提亮画面
更改混合模式增强色彩

实例
文件 ┃ 素材\04\01.jpg
源文件\04\让曝光不足的商品变得更精致.psd

Step 01 创建"曝光度"调整图层

打开素材\04\01.jpg素材文件，可以在预览窗口中查看到曝光不足的效果，打开"调整"面板，单击面板中的"曝光度"按钮 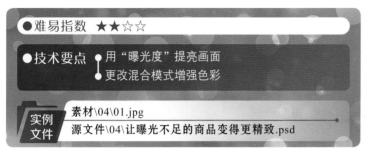，新建"曝光度"调整图层。

Step 02 调整"曝光度"

打开"属性"面板，在面板中将"曝光度"滑块拖曳至+5.38位置，将"灰度系数校正"滑块拖曳至0.81位置，设置后可看到提高了照片的曝光效果，原本较暗的图像变得明亮起来。

技巧501 单击快速校正曝光

应用"曝光度"命令调整照片曝光时，除了可以通过设置参数或拖曳选项滑块来控制画面曝光度外，还可以利用吸管工具取样黑、灰、白场，快速自动校正曝光度。默认情况下选择"在图像中取样以设置黑场"按钮，在此情况下可设置"位移"参数，同时并将所单击的像素转变为零。如果单击"在图像中取样以设置灰场"按钮，则可设置"曝光度"，同时将所单击的像素变为中度灰度。如果单击"在图像中取样以设置白场"按钮，可设置"曝光度"，并将所单击的像素更改为白色。

Step03 用画笔编辑图层蒙版

选择"画笔工具"，在"画笔预设"选取器中选择第一个画笔，然后将"大小"设置为250像素，在选项栏中调整画笔不透明度和流量，在曝光过度的位置涂抹。

Step04 查看效果

按下键盘中的[键或]键，调整画笔笔触大小，继续在曝光过度的图像上涂抹，适当降低其曝光，再按下快捷键Ctrl+Shift+Alt+E，盖印图层，得到"图层1"图层。

Step05 执行滤镜操作

执行"滤镜>Camera Raw滤镜"菜单命令，打开"Camera Raw"对话框，在对话框中单击"细节"按钮，展开"细节"选项卡，在选项卡中设置"颜色"为50，"颜色细节"为25，设置后单击"确定"按钮。

Step 06 更改图层混合模式

选中"图层1"图层，按下快捷键**Ctrl+J**，复制图层，得到"图层1拷贝"图层，将此图层的混合模式更改为"柔光"，"不透明度"为30%，增强色彩对比。

Step 07 更改图层混合模式

按下快捷键**Ctrl+Shift+Alt+E**，盖印图层，得到"图层2"图层，选中"图层2"图层，将此图层的图层混合模式设置为"叠加"。

Step 08 设置并锐化图像

执行"滤镜>其他>高反差保留"菜单命令，打开"高反差保留"对话框，在对话框中输入"半径"为4，单击"确定"按钮，得到更清晰的纹理。

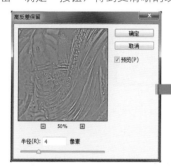

技巧02 快速调整RAW格式照片曝光

通常情况下，"曝光度"命令适用于JPEG格式照片的曝光调节，而对于RAW格式的照片来讲，最好的调整曝光的方法还是使用Camera RAW程序。将RAW格式照片在Camera Raw窗口中打开以后，单击"基本"选项卡中的"自动"按钮，就可以快速调整适合于照片的曝光、对比度等。

技巧03 自定义适合照片的曝光调整

除了可以应用Photoshop中的"曝光度"命令调整照片的曝光度外，也可以使用Lightroom中的快速修改照片功能更改照片的曝光。将拍摄的商品照片导入到Lightroom中，然后在"图库"模式中单击"快速修改照片"面板右侧的倒三角形按钮，展开"快速修改照片"面板，在面板中即可看到一个"曝光度"调节按钮，每单击一次"曝光度"右向单箭头就会增加1\3挡曝光，单击一次右向双箭头就会增加1挡曝光；反之，每单击一次"曝光度"左向单箭头就会降低1\3挡曝光，单击一次左向双箭头就会降低1挡曝光。

4.2 照片的亮度和对比度的处理

亮度和对比度共同决定了画面的整体效果，当商品照片中的亮度、对比度不能很好地表现出商品的特点时，就需要通过后期处理，调整照片的亮度和对比度。在Photoshop中提供了一个专门用于调整亮度和对比度的菜单命令，即"亮度\对比度"命令，使用此命令可以对商品照片的亮度和对比度进行更详尽的处理。

●应用要点 1——手动设置亮度\对比度

亮度和对比度共同决定了画面的显示效果，在Photoshop中，使用"亮度\对比度"命令可以对图像的亮度和对比度进行快速调节，使调整后的图像整体变暗或变亮。

打开一张因光线不足而较暗的素材图像，执行"图像>调整>亮度\对比度"菜单命令，打开"亮度\对比度"对话框，在对话框中将"亮度"设置为109，"对比度"设置为36，单击"确定"按钮，应用设置调整图像的亮度和对比度，使偏暗的玩具图案变得明亮起来。

●应用要点 2——自动亮度\对比度

为了让明暗对比不够出色的图像恢复到最自然的影调效果，在使用"亮度\对比度"命令调整图像时，可以尝试运用自动亮度\对比度选项进行调整。在"亮度\对比度"对话框中，单击"自动"按钮，系统将会根据打开的图像情况，自动调整"亮度"和"对比度"值，调整后勾选"预览"复选框，在图像窗口中就会查看到应用自动亮度\对比度调整后的图像效果。

示例 增强对比突出口红的色泽

● 难易指数 ★☆☆☆

● 技术要点
　　设置"亮度\对比度"提亮选区
　　"高反差保留"滤镜锐化图像

实例文件
　素材\04\02.jpg
　源文件\04\增强对比突出口红的色泽.psd

Step01 创建"亮度\对比度"调整图层

打开素材\04\02.jpg素材文件,在图像窗口中可以看到打开的照片严重偏灰,打开"调整"面板,单击面板中的"亮度\对比度"按钮,新建"亮度\对比度"调整图层。

Step02 设置亮度和对比度

打开"属性"面板,在面板中将"亮度"滑块拖曳至100位置,将"对比度"滑块拖曳至24位置,此时在图像窗口中会看到提亮了图像、增强了对比后图像变得明亮起来。

Step 03 单击设置选择范围

选择"背景"图层，执行"选择>色彩范围"菜单命令，打开"色彩范围"对话框，在对话框中设置"颜色容差"为76，再运用吸管工具在背景区域单击，设置选择范围，单击"确定"按钮，创建选区。

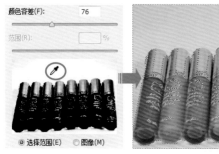

Step 04 设置"亮度\对比度"调整选区内的图像

单击"调整"面板中的"亮度\对比度"按钮，新建"亮度\对比度2"调整图层，并在"属性"面板中输入"亮度"为33，"对比度"为7，提亮选区，增强对比。

Step 05 调整亮度和对比度

按下Ctrl键不放，单击"亮度\对比度2"图层蒙版，载入选区，执行"选择>反向"菜单命令，反选选区，新建"亮度\对比度3"调整图层，并在"属性"面板中设置选项，调整选区亮度和对比。

技巧 01 调整RAW格式照片对比度

为了便于数码照片的后期处理，拍摄者往往会将照片以RAW格式存储。对于拍摄的RAW格式照片，可以使用Camera Raw中的"基本"选项卡调整照片的对比度。在"基本"选项卡中设置了一个"对比度"选项，拖曳该选项下方的滑块就可以完成照片对比度的调整，向左拖曳滑块，降低对比度；向右拖曳滑块，则增强对比度。

Step 06 盖印并设置"半径"选项

盖印图层，得到"图层2"图层，执行"滤镜>其他>高反差保留"菜单命令，打开"高反差保留"对话框，在对话框中输入"半径"为6.0，单击"确定"按钮，锐化图像。

Step 07 锐化图像

为了让口红的色彩更清晰，可以对其进行锐化处理，在"图层"面板中选中"图层2"图层，将此图层的混合模式更改为"叠加"，设置后使照片中口红上的文字及图案变得更加清晰，使图像变得更有层次感。

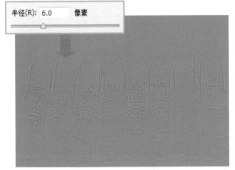

技巧02 自动影调快速修复细节

亮度是人们对光的强度的感觉，不同亮度级别的画面会给人呈现出不同的感观效果。在商品照片处理中，除了使用Photoshop中的"亮度\对比度"命令调整照片的亮度和对比度，还可以使用Lightroom中的快速调整功能，快速调整照片的亮度和对比度，修复照片中不正常的光影问题。使用Ligthroom调整亮度或对比度前，先将要调整的照片导入到Lightroom内的"图库"中，然后展开"快速调整照片"面板，在面板中单击"自动调整色调"按钮，快速调整照片的影调。

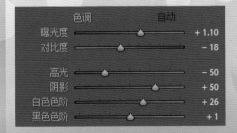

单击"自动调整色调"按钮后，可自动调整照片的影调，此时单击Ligthroom中的"修改照片"按钮，切换到"修改照片"模式，可以在"基本"面板中具体调整参数值，用户可以根据需要对各选项的参数进行调节，让图像的色调变得更加自然。

4.3 图像明暗的快速调整

对于商品照片而言，图像的明暗也是突出商品的重要手段，在后期处理时，可以使用Photoshop中的"曲线"命令来快速调整照片的明暗，在具体的操作过程中，用户可以选择要调整的通道，再向上或向下拖曳曲线，就可以提高或降低图像的亮度，实现图像明暗的快速修复。

专家提点 营造低调突显商品的品质

拍摄珠宝等高贵的商品时，拍摄者需要表现出商品的价值。此时，可以利用暗色烘托商品高贵的品质感，使拍摄出来的商品显得更加的高贵迷人。

● 应用要点 1——曲线

"曲线"命令主要用于调整图像中指定区域的色彩范围。使用"曲线"命令调整图像时，用户可以在曲线上添加多个曲线控制点，然后分别拖曳各曲线控制点来变换曲线的形状，从而达到更改照片明暗的目的。打开素材图像后，执行"图像>调整>曲线"菜单命令，打开"曲线"对话框，在对话框中对曲线的形状进行设置，设置后在图像窗口可查看到应用曲线调整后，原来偏暗的图像变得更加明亮，画面中的饰品也能清晰地显示出来。

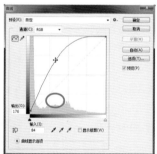

在"曲线"对话框中，除了可以通过拖曳曲线来调整图像的明亮度，也可以使用"预设"曲线来快速调整照片明暗。单击"曲线"对话框中的 "预设"下拉按钮，在展开的下拉列表中可看到系统预设了多个预设曲线，选择其中一个选项后，就会将该曲线调整应用于打开的图像上。

●应用要点 2——自动曲线

使用"曲线"调整照片时，如果觉得设置的图像效果不是那么满意，则可以选择"自动"曲线的方式，快速调整图像的明暗。执行"曲线"命令后，在打开的"曲线"对话框右侧可看到"自动"按钮，单击此按钮后，Photoshop将会根据图像效果自动调整曲线，并将调整效果应用于图像上。

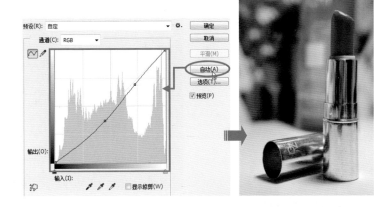

 示例 提亮画面突出商品细节

●难易指数 ★★☆☆

●技术要点 设置"曲线"调整影调
"矩形选框工具"创建选区

实例文件
素材\04\03.jpg
源文件\04\提亮画面突出商品细节.psd

Step**01** 创建"曲线"调整图层

打开素材\04\03.jpg素材文件，在图像窗口可显示打开的原始商品照片，打开"调整"面板，单击面板中的"曲线"按钮，在"图层"面板中新建一个"曲线1"调整图层。

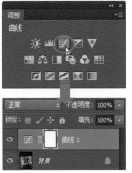

Step 02 设置"曲线"形状

打开"属性"面板，在曲线上连续单击，添加两个曲线控制点，再运用鼠标分别拖曳这两个曲线控制点的位置，变换曲线形状。

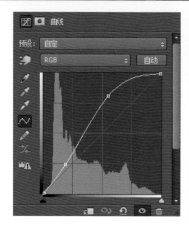

技巧 01 不同曲线下调整色彩

使用"曲线"命令不仅可以调整影像整体的明亮度，也可以用于单个通道明亮度的调整。在"曲线"对话框中，单击"通道"下拉按钮，将会打开"通道"下拉列表，在该列表中用户可以选择需要应用曲线调整的颜色通道，选择通道后，运用鼠标对曲线形状进行设置，就可以对选定通道的明亮度进行调整。调整单个通道的明亮度会导致照片的色彩发生改变。

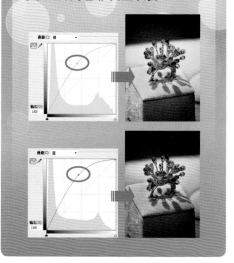

Step 03 编辑图层蒙版

设置前景色为黑色，单击"曲线1"图层蒙版，选择工具箱中的"画笔工具"，在工具选项栏中设置画笔"不透明度"为29%，"流量"为39%，运用黑色画笔在图像上方及商品下方的投影位置涂抹，还原涂抹区域的图像的亮度。

Step 04 载入选区调整"曲线"

按下快捷键Ctrl+Alt+2，创建选区，新建"曲线2"调整图层，并在"属性"中运用鼠标设置曲线，调整选区内图像的亮度。

Step 05 调整亮度和对比度

单击"调整"面板中的"亮度\对比度"按钮，新建"亮度\对比度"调整图层，并在"属性"面板中输入"亮度"为16，"对比度"为23。

Step 06 复制图层蒙版

单击"曲线1"图层蒙版，按下Alt键不放单击"曲线1"图层蒙版，将其拖曳至"亮度\对比度1"图层蒙版位置，释放鼠标，复制图层蒙版。

Step 07 绘制选区并调整亮度

选择工具箱中的"矩形选框工具"，在选项栏中设置"羽化"为300像素，在图像中的商品对象边缘绘制选区，执行"选择>反向"菜单命令，反选选区，新建"曲线3"调整图层，用曲线调整选区内对象的亮度。

技巧02 精细的曲线调整

如果觉得使用"曲线"调整照片的明暗太过复杂，那么可以选用Lightroom中的"色调曲线"快速调整照片的明暗。在Lightroom中导入照片后，单击"修改照片"按钮，切换至"修改照片"模式，在该模式中就会显示一个"色调曲线"面板，在此面板中不仅可以拖曳曲线控制照片的影调变化，同时也可以输入准确的数值，调整照片中高光、亮色调、暗色调以及阴影等区域的明亮度。

4.4 局部的明暗处理

对照片进行统一的明暗调整，有可能会导致照片出现局部偏暗或偏亮的情况。因此，在更多时候需要对照片的局部进行明暗的调整。在Photoshop中，可以使用"色阶"命令分别对商品照片中的阴影、中间调或高光部分进行明亮的调整，使拍摄的商品照片明亮度更为自然。

●应用要点 1——调整阴影、中间调或高光亮度

"色阶"命令主要用于调整图像的色调，它可以对图像的阴影、中间调和高光各区域的亮度进行调整，从而校正图像的色调范围。执行"图像>调整>色阶"菜单命令，将会打开"色阶"对话框，在对话框中显示了三个滑块，其中黑色滑块代表最低亮度，对应画面中的阴影部分，向右拖曳会使阴影部分变暗；灰色滑块代表中间调在黑场和白场之间的分布比例，对比画面中的中间调部分，向左拖曳提亮中间调部分，向右拖曳降低中间调部分；白色滑块代表最高亮度，对应画面中的高光部分，向左拖曳图像变亮。

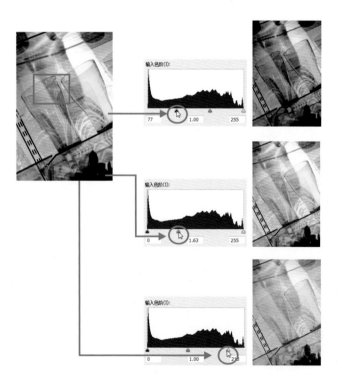

●应用要点 2——预设色阶快速调整

使用"色阶"命令调整照片亮度时，如果不能确定准确的参数值，我们可以尝试应用"预设"选项来调整照片亮度或对比度。在"色阶"对话框中，单击"预设"下拉按钮，在打开的下拉列表中可以看到"增加对比度1""增加对比度2""中间调较暗"等八个预设的色阶调整选项，根据需要，在该下拉列表中选择其中一个选项，会根据选择的预设选项，调整照片影调。

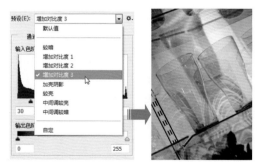

示例 调整对比反差展现精致水晶杯

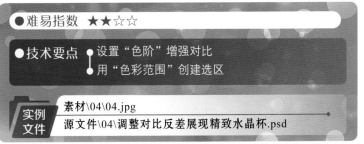

● 难易指数 ★★☆☆

● 技术要点 设置"色阶"增强对比
          用"色彩范围"创建选区

实例文件 素材\04\04.jpg
         源文件\04\调整对比反差展现精致水晶杯.psd

Step 01 设置"色阶"增强对比

打开素材\04\04.jpg素材文件，选中"背景"图层，执行"图层>复制图层"菜单命令，复制图层，得到"背景拷贝"图层，将图层混合模式设置为"柔光"，"不透明度"为55%，新建"色阶"调整图层，并在"属性"面板中输入色阶值为10、0.85、225，调整图像对比。

Step 02 选择高光

选择"背景"图层，执行"选择>色彩范围"菜单命令，打开"色彩范围"对话框，在对话框中选择"高光"选项，单击"确定"按钮，创建选区。

技巧 01 快速应用色阶调整

使用"色阶"命令调整照片明暗对比时，在打开的"色阶"对话框中可看到一个"自动"按钮，单击该按钮，软件会根据打开图像自动调整色阶值，校正照片的影调。

Step 03 调整中间调与高光

新建一个"色阶2"调整图层，并在"属性"面板中输入色阶值0、1.04、226，设置后提高选区内的图像的中间调和高光区域的亮度。

Step 04 设置"色阶"提亮中间调

选择"背景"图层，执行"选择>色彩范围"菜单命令，打开"色彩范围"对话框，在对话框中选择"中间调"选项，单击"确定"按钮，创建选区。新建一个"色阶3"调整图层，并在"属性"面板中输入色阶值15、0.91、219，设置后提高选区内的图像各区域的亮度。

技巧502 针对不同通道的色阶调整

使用"色阶"命令不仅可以调整图像阴影、中间调和高光的明亮度，还可以对单个颜色通道的明暗度进行调整。在"色阶"对话框中单击"通道"下拉按钮，在展开的下拉列表中会显示当前图像所包含的所有颜色通道，选择其一个通道后，再拖曳下方的色阶滑块，就可以对选定通道图像的明暗进行调整，调整单个通道色阶值后，图像的颜色也会发生一定的变化。

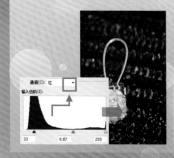

Step 05 调整亮度和对比度

打开"调整"面板，单击面板中的"亮度\对比度"按钮，新建"亮度\对比度"调整图层，并在"属性"面板中输入"亮度"为13，"对比度"为13。

4.5 照片暗部与亮部的细节修饰

在对拍摄的商品照片进行光影的调整之前，需要先分析图像是太暗还是太亮，然后再决定是需要对照片的暗部还是亮部进行调整。使用Photoshop中的"阴影\高光"命令可以分别对画面中的高光与阴影部分进行处理，还能对画面的颜色进行简单的校正，还原出商品最理想的状态。

● 应用要点——"阴影\高光"命令

"阴影\高光"命令可以将图像的阴影调亮或高光调暗。在对图像进行"阴影\高光"调整之前，先分析图像是太暗还是太亮，然后再决定将阴影像素调亮，还是将高光像素调暗。

打开一张照片，执行"图像>调整>阴影\高光"命令，打开"阴影\高光"对话框，在打开的对话框中拖曳滑块或输入数值来调整"阴影"与"高光"选项值，经过设置可使照片的影调恢复正常。

"阴影\高光"在默认情况下以简略的方式显示，如果需要对阴影和高光做更精细的设置，可勾选"阴影\高光"对话框中的"显示更多选项"复选框，显示更多的阴影和高光选项，然后根据图像对各项参数进行设置，从而更加精确地修正图像的影调。

示例 调整影调突出商品轮廓

● 难易指数 ★★☆☆

● 技术要点 ┃ "阴影\高光"提亮阴影
┃ 设置"曲线"加深颜色

实例文件	素材\04\05.jpg
	源文件\04\调整影调突出商品轮廓.psd

Step01 用"阴影\高光"提高阴影亮度

打开素材\04\05.jpg素材文件，选择"背景"图层并复制，得到"背景拷贝"图层，执行"图像>调整>阴影\高光"命令，打开"阴影\高光"对话框，在对话框中设置阴影"数量"为56，提高阴影部分的亮度。

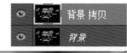

技巧01 使用Lightroom调整阴影与高光

要分别调整照片阴影与高光明亮度时，不但可以使用"阴影\高光"命令来完成，也可以在使用Ligthroom中"阴影"与"高光"选项进行处理。将照片导入到Lightroom中，然后切换到"修改照片"模块，在展开的"基本"面板中即显示了"阴影"与"高光"选项，向左拖曳"高光"滑块，降低高光部分的亮度，向右拖曳"高光"滑块，提高高光部分的亮度；向左拖曳"阴影"滑块，降低阴影部分的图像亮度，向右拖曳"阴影"滑块，提高阴影部分的图像亮度。

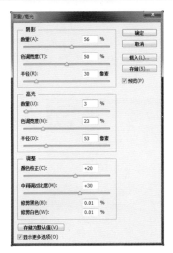

Step **02** 设置更多选项

继续在"阴影\高光"对话框中进行设置，勾选"显示更多选项"，输入高光"数量"为3，"色调宽度"为23，"半径"为53，"颜色校正"为+20，"中间调对比度"为+30，设置后单击"确定"按钮。

Step **03** 锐化图像

盖印图层，得到"图层1"图层，执行"滤镜>锐化>USM锐化"菜单命令，在打开的对话框中设置选项，锐化图像，并添加蒙版。

Step **04** 调整亮度和对比度

单击"调整"面板中的"亮度\对比度"按钮，新建"亮度\对比度"调整图层，在打开的"属性"面板中输入"亮度"为25，"对比度"为73，进一步提亮画面，加强对比效果。

Step **05** 创建"曲线"调整图层

单击"调整"面板中的"曲线"按钮，新建"曲线"调整图层，并在"属性"面板中单击曲线，添加两个曲线控制点，再运用鼠标拖曳曲线控制点，更改曲线形状。

技巧02 使用Camera Raw调整阴影和高光

在Photoshop中，要调整阴影与高光的亮度，可以应用全新的Camera Raw滤镜。打开图像后，执行"滤镜>Camera Raw滤镜"菜单命令，将打开Camera Raw对话框，在该对话框中，通过拖曳"基本"选项卡中的"高光"与"阴影"滑块能够分别调整画面中高光部分与阴影部分的图像的明亮度。

Step06 调整"曲线"增强色彩

继续在"属性"面板中对曲线进行设置，选择"蓝"通道，运用鼠标单击添加曲线控制点，分别拖曳各控制点的位置，调整曲线形状，再选择"红"通道，运用鼠标单击添加曲线控制点，分别拖曳各控制点的位置，调整曲线形状，设置后在图像窗口可查看到应用曲线调整的效果，按下快捷键**Ctrl+Shift+Alt+E**，盖印图层。

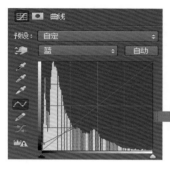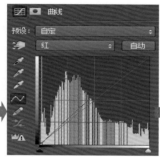

Step07 设置镜头晕影

执行"滤镜>Camera Raw滤镜"菜单命令，打开Camera Raw对话框，在对话框中单击"镜头校正"按钮，切换至"镜头校正"选项卡，在选项卡中的"手动"标签下设置镜头晕影"数量"为-100，"中点"为31，设置后单击右下角的"确定"按钮，为图像添加晕影效果。

技巧503 添加晕影突出主体

在对商品照片进行处理时，为了让画面中商品对象更加醒目，可以在照片中添加晕影效果。除了可以使用Camera Raw中的"镜头晕影"功能为照片添加自然的晕影效果外，也可以在Lightroom中使用"镜头校正"面板，为照片添加晕影。在"镜头校正"面板中单击"手动"标签，展开"手动"选项卡，在选项卡下方就可以设置选项，为照片添加镜头暗角效果。

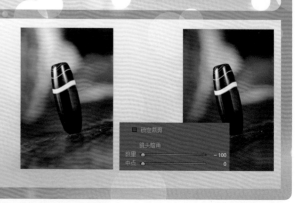

Chapter
商品照片的
色彩调修

05

对于大多数商品照片而言，都需要通过后期处理，调整照片的颜色，使编辑后的商品颜色更加的出彩。Photoshop中提供了多个用于调整照片色彩的菜单命令，如色相\饱和度、色彩平衡、照片滤镜等，使用这些命令可以对照片中指定区域的颜色进行编辑。在本章节中，会为读者讲解在商品照片处理时经常使用到的色彩调整命令，让读者学习到更多的调色技法。

本 章 重 点

- 照片色彩的快速调整
- 相同色温环境下的色彩校正
- 增强商品特定的色彩
- 改变照片中的特定颜色
- 调整不同区域的色彩
- 混合图像色彩
- 提高或降低照片色温
- 黑白影像的设置

5.1 照片色彩的快速调整

图像颜色饱和度的高低直接影响商品颜色的鲜艳度。对于照片色彩暗淡的图像，可以通过后期处理，提高画面的色彩饱和度，让暗淡的照片恢复光彩。Photoshop中使用"自然饱和度"命令能够轻松地调整照片的色彩鲜艳度，让画面变得更加的美观。

专家提点 利用照片风格让商品颜色更浓郁

相机的照片风格对画面的色彩有着非常重要的影响，数码相机通常会包含多种照片风格，拍摄商品时，如果想让拍摄出来的画面色彩更加鲜艳，可以选择数码相机中的"风光"照片风格进行拍摄。

●应用要点——"自然饱和度"命令

照片的色彩浓度决定了照片的鲜艳程度，如果拍摄的照片饱和度不够，难免会使照片看起来比较暗淡，没有神采。

Photoshop CC中，可能使用"自然饱和度"命令快速调整图像的饱和度，使照片的色彩达到自然状态效果。打开一张素材照片，执行"图像>调整>自然饱和度"菜单命令，打开"自然饱和度"对话框。

在"自然饱和度"对话框中拖曳"自然饱和度"滑块，可以在颜色接近完全饱和时避免颜色失真；拖曳"饱和度"滑块，则可将调整的颜色值应用于所有的颜色，让画面整体色彩快速得到提升。

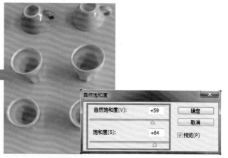

示例 增强色彩让照片色彩更具冲击力

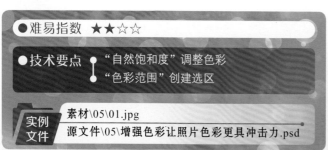

●难易指数 ★★☆☆

●技术要点 "自然饱和度"调整色彩
"色彩范围"创建选区

实例文件 素材\05\01.jpg
源文件\05\增强色彩让照片色彩更具冲击力.psd

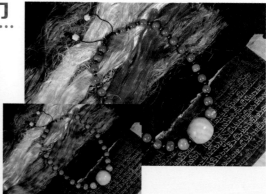

Step 01 设置"自然饱和度"

打开素材\05\01.jpg素材文件，打开"调整"面板，单击面板中的"自然饱和度"按钮，新建"自然饱和度"调整图层，并在打开的"属性"面板中输入"自然饱和度"为+55，"饱和度"为+38，输入后可查看到图像提高了饱和度。

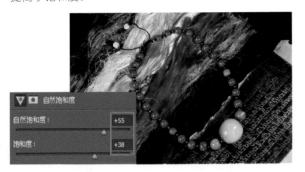

Step 02 调整亮度和对比度

单击"调整"面板中的"亮度\对比度"按钮，新建"亮度\对比度"调整图层，并在"属性"面板中输入"亮度"为40，"对比度"为11，提高商品图像的亮度，并增强对比效果。

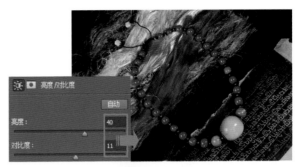

技巧 可视化的快速修色

为了让用户能够直观地查看到调整饱和度前和调整饱和度后的图像对比效果，可以使用Lightroom中"鲜艳度"选项来调整照片的颜色饱和度。将需要调整的照片导入到Lightroom中，单击"修改照片"按钮，切换至"修改照片"模块中，通过拖曳"基本"面板中的"鲜艳度"滑块，就可以调整照片的色彩鲜艳度，设置后单击窗口下方的"切换各种修改前和修改后视图"按钮，可查看图像效果。

Step 03 选择红色部分

盖印图层，执行"选择>色彩范围"菜单命令，打开"色彩范围"对话框，在对话框中选择"红色"选项，单击"确定"按钮，创建选区。

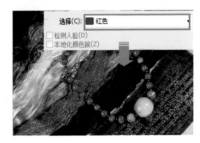

Step 04 设置"自然饱和度"

单击"调整"面板中的"自然饱和度"按钮，新建"自然饱和度"调整图层，并在打开的"属性"面板中输入"自然饱和度"为-10，"饱和度"为-2，降低红色饱和度。

5.2 增强商品特定的色彩

如果一张商品照片的色彩不够鲜艳，那么就会影响到商品的美观，在后期处理时，可以应用"色相\饱和度"命令选择照片中需要增强的颜色，再通过设置其色相、饱和度以及明度，即可在不影响到画面中其他的颜色的情况下，实现单个颜色的调整。

●应用要点 1——调整全图色相\饱和度

"色相\饱和度"命令在照片调色中会被经常使用，它可以同时调整图像所有颜色的色相、饱和度以及明亮度，此命令适用于微调CMYK格式图像中的颜色。执行"图像>调整>色相\饱和度"菜单命令，打开"色相\饱和度"对话框，在对话框中分别拖曳选项下方的滑块，就可以调整照片的色彩鲜艳度。

如左图所示，将拍摄的商品照片打开，可看到原照片色彩饱和度明显不够，执行"色相\饱和度"命令，打开"色相\饱和度"对话框，在对话框中向右拖曳"饱和度"滑块至+53位置，设置后在图像窗口中看到照片的色彩得到了明显的提高，增加了商品的表现力。

●应用要点 2——设置单个颜色的色相、饱和度

使用"色相\饱和度"命令不但可以对整个图像的颜色进行调整，还可以针对六大色系中的单个颜色进行调整，更改某一色域的颜色。单击"编辑"下拉按钮，在展开的下拉列表中可看到"全图""红色""黄色""绿色""青色""蓝色"和"洋红"六个颜色选项，选择一项后，再拖曳下方的色相、饱和度和明度滑块进行调整，可更改照片中的单个颜色效果。

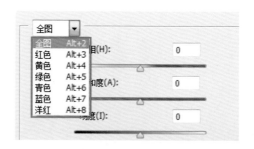

在Photoshop中打开一张室内拍摄的商品照片，执行"图像>调整>色相\饱和度"菜单命令，打开"色相\饱和度"对话框，在对话框中选择要调整的颜色为"黄色"，再将"饱和度"滑块拖曳至+69位置，设置后在图像上可以看到原本色彩暗淡的灯具对象变得更为明亮，如左图所示。

示例 提高饱和度增强服饰色彩

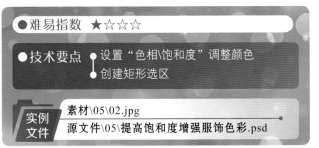

● 难易指数 ★☆☆☆

● 技术要点 ● 设置"色相\饱和度"调整颜色
● 创建矩形选区

实例 文件
素材\05\02.jpg
源文件\05\提高饱和度增强服饰色彩.psd

··

Step01 创建"色相\饱和度"调整图层

打开素材\05\02.jpg素材文件，在图像窗口中查看到打开的原图像效果，单击"调整"面板"色相\饱和度"按钮，新建"色相\饱和度1"调整图层。

Step 02 设置选项增强色彩

打开"属性"面板，在面板中输入"饱和度"为+29，选择"红色"选项，输入"色相"为−1，"饱和度"为+21，选择"青色"选项，输入"饱和度"+42，设置后选择"画笔工具"，运用黑色画笔在裙子以及皮肤位置涂抹，还原涂抹区域的图像颜色。

Step 03 设置"自然饱和度"

单击"调整"面板中的"自然饱和度"按钮，新建"自然饱和度"调整图层，并在"属性"面板中输入"自然饱和度"为+53，提高照片饱和度。

Step 04 绘制选区

选择"矩形选框工具"，在选项栏中设置"羽化"值为300像素，沿图像边缘绘制选区，执行"选择>反向"菜单命令，反选选区。

技巧 501 HSL快速调色

在调整图像的颜色过程中，除了使用Photoshop中"色相\饱和度"命令调整单个颜色的色相、饱和度，还可以使用Ligthroom中的HSL面板来调整。单击"HSL\颜色\灰度"面板右侧的倒三角形按钮，就可展开HSL面板，在此面板包括了"色相""饱和度""明亮度"和"全部"四个选项卡，其中"色相""饱和度"和"明亮度"选项卡分别用于调整指定颜色色相、饱和度和明亮度，而"全部"选项卡则包含另外三个选项卡中的所有调整选项。

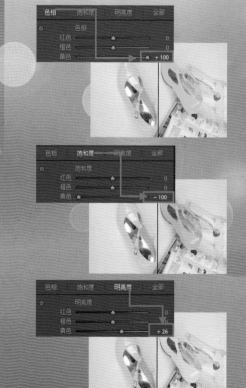

单击"调整"面板中的"色相\饱和度"按钮，新建一个"色相\饱和度2"调整图层，并在"属性"面板中设置"明度"为+100，提高选区内的图像的明亮度。

单击"色相\饱和度2"图层蒙版，设置前景色为黑色，选择"画笔工具"，运用黑色画笔在裙子位置涂抹，还原裙子部分的图像的明度。

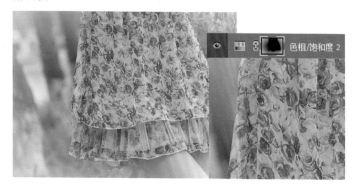

新建"亮度\对比度1"调整图层，打开"属性"面板，在面板中输入"亮度"为21，"对比度"为34，提亮图像，增强对比效果，选用黑色画笔在图像边缘位置涂抹，还原图像的亮度和对比度。

单击"调整"面板中的"曲线"按钮，新建"曲线"调整图层，打开"属性"面板，在面板中选择"蓝"选项，再运用鼠标单击并向上拖曳通道曲线，调整照片颜色。

技巧02 查看颜色信息

　　对商品照片进行调色时，可以利用"信息"面板查看照片中各个部分的像素信息。执行"窗口>信息"菜单命令，打开"信息"面板，选择"吸管工具"，将鼠标移至画面中单击后，在"信息"面板中就会显示鼠标单击位置的颜色值。

5.3 调整不同区域的色彩

前面介绍了对特定颜色的调整方法，接下来学习不同区域的颜色的调整方法。在商品照片后期处理时，经常会遇到对画面中阴影、中间调或高光等单个区域的颜色进行调整，此时最好的方法就是使用"色彩平衡"命令，应用此命令可以在保留照片明度的同时，对照片中的阴影、中间调和高光部分图像的颜色进行调整，让照片色彩更亮丽。

● 应用要点——"色彩平衡"命令

在不同的场景中拍摄照片时，往往会因为各种光源问题，使拍摄出来的商品对象出现偏色的情况。在Photoshop中使用"色彩平衡"命令可以快速校正照片中出现的各类偏色问题。"色彩平衡"命令是基于三原色原理而进行的颜色调整操作，即通过三基色和三补色之间的颜色互补关系实现照片色彩平衡校正。

打开素材图像，执行"图像>调整>色彩平衡"菜单命令，打开"色彩平衡"对话框，在对话框中有三个选项滑块，这三个滑块分别对应R、G、B通道颜色的变化，如下图所示，分别对这三个颜色滑块的位置进行设置，设置后可以看到偏黄的照片色彩得到了准确的还原。

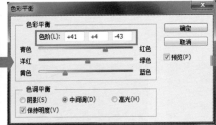

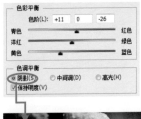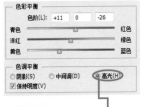

使用"色彩平衡"校正照片色彩时，默认选择"中间调"选项，即只对图像的中间调部分颜色进行色彩的校正。如果需要对阴影部分进行调整，则需要单击"阴影"单选按钮；如果需要对高光部分进行调整，则需要单击"高光"单选按钮。如左侧的两幅图像中，分别展示调整阴影部分与高光部分颜色时所得到的图像效果。

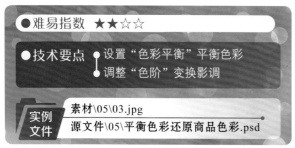

示例 平衡色彩还原商品色彩

● 难易指数 ★★☆☆

● 技术要点
- 设置"色彩平衡"平衡色彩
- 调整"色阶"变换影调

实例文件
素材\05\03.jpg
源文件\05\平衡色彩还原商品色彩.psd

Step 01 复制图像

打开素材\05\03.jpg素材文件，在"图层"面板中选中"背景"图层，并复制该图层，得到"背景拷贝"图层，此时在图像窗口中可查看到原图像效果。

Step 02 执行"自动颜色"命令

在"图层"面板中选中"背景拷贝"图层，将此图层的"不透明度"设置为60%，执行"图像>自动颜色"菜单命令，校正照片颜色。

Step 03 创建"色彩平衡"调整图层

单击"调整"面板中的"色彩平衡"按钮，在"图层"面板中创建一个"色彩平衡"调整图层。

Step 04 设置选项平衡色彩

打开"属性"面板，在面板中选择"中间调"选项，输入颜色值为分别–14、0、+13，选择"阴影"选项，输入颜色值分别为–6、0、+1，选择"高光"选项，输入颜色值分别为–21、0、+29，设置后在图像中可查看到应用"色彩平衡"调整后的图像效果。

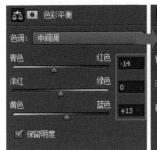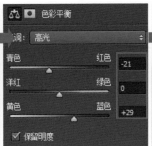

Step 05 调整"色阶"增强对比

新建"色阶"调整图层，并在"属性"面板中输入色阶值为7、1.00、237，增强商品图像的对比度，再选用黑色画笔在较亮的图像位置涂抹，还原涂抹区域的图像的明亮度，得到更自然的明暗对比效果。

技巧 分离色调平衡高光与阴影颜色

　　要对照片中的阴影和高光颜色进行设置，除了可以使用Photoshop中的"色彩平衡"命令，也可以使用Lightroom中的"分离色调"面板。单击Lightroom中的"分离色调"右侧的倒三角形按钮，即可展开如右图所示的"分离色调"面板，在面板中拖曳高光或阴影下方的"色相"和"饱和度"滑块，就可以完成照片中高光部分和阴影部分的颜色与饱和度的更改。

5.4 提高或降低照片色温

色温是影响照片色彩的重要因素之一，对于因为一些色温差异而导致轻微偏色的商品照片，可以运用Photoshop中的"照片滤镜"命令，选择预设的色温滤镜，降低或提高色温，以校正照片中的偏色问题，使编辑后的商品颜色显得更加自然。

专家提点 借用白平衡改变画面的色温

市面上大多数的数码相机都可以根据不同的光源类型设置不同的白平衡模式。光源的色温越低，所呈现的画面色调越暖，因此在拍摄时，可以通过调整相机白平衡来提高或降低色温效果。

● 应用要点 1——提高 \ 降低色温

"照片滤镜"命令通过颜色的冷、暖调来调整图像，从而改变图像的整体色调，使用此命令可以通过添加滤镜颜色而变换照片颜色，从而还原照片中的色温，得到更理想的照片效果。执行"图像>调整>照片滤镜"菜单命令，打开"照片滤镜"对话框，在对话框"滤镜"下拉列表中列出了"加温滤镜（85）""加温滤镜（LBA）""加温滤镜（81）""冷却滤镜（80）""冷却滤镜（LBB）""冷却滤镜（82）"六个色温转换滤镜，用户可以根据照片偏色的程度，选取合适的色温转换滤镜，校正照片色彩。

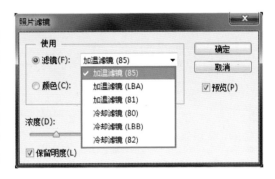

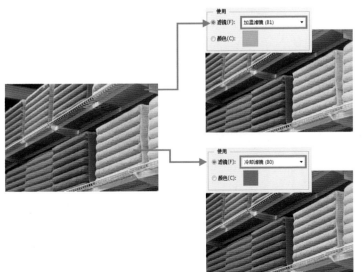

打开一张偏暖的照片，如左图所示，从图像中可看到照片受到环境光线的影响，整个图像偏黄，执行"图像>调整>照片滤镜"菜单命令，在打开的对话框中选择"加温滤镜（81）"，添加黄色，使画面变得更偏向于暖色调效果，选择"冷却滤镜（80）"，添加蓝色，使画面变得偏向冷色调效果。

●应用要点 2——变换色温

在"照片滤镜"除了使用色温转换滤镜校正颜色，也可以选用色温补偿滤镜校正偏色。在"照片滤镜"对话框的"滤镜"列表中包括红、橙、黄、绿、青、蓝、紫光、洋红、深褐、深红、深蓝、深祖母绿、深黄和水下14种色温补偿滤镜，使用这些色温补偿滤镜可以进行轻微、精细的调整，对画面中的特定颜色加以补偿，从而还原照片色彩。

打开一张素材照片，如左图所示，执行"图像>调整>照片滤镜"菜单命令，在打开的对话框中单击"滤镜"下拉按钮，在展开的下拉列表中选择"水下"滤镜，然后对颜色浓度进行调整，将"浓度"滑块拖曳至38位置，经过设置后，降低了红色，使照片的颜色得到了修复。

●应用要点 3——自定义颜色变换色温

如果对预设颜色不满意，用户可以在"照片滤镜"对话框中自定义滤镜颜色。单击"颜色"单选按钮，然后单击右侧的颜色块，打开"拾色器（照片滤镜颜色）"对话框，在对话框中单击或输入颜色值，完成设置后单击"确定"按钮，返回"照片滤镜"对话框，在对话框中会显示用户设置的颜色，并将该颜色应用于图像中。

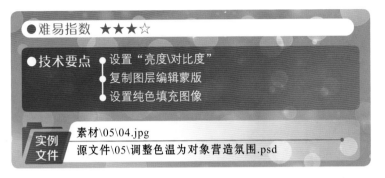

示例 调整色温为对象营造氛围

● 难易指数 ★★★☆

● 技术要点 ┤ 设置"亮度\对比度"
　　　　　　├ 复制图层编辑蒙版
　　　　　　└ 设置纯色填充图像

实例
文件 ┤ **素材\05\04.jpg**
　　　└ **源文件\05\调整色温为对象营造氛围.psd**

Step 01 调整亮度对比度

打开素材\05\04.jpg素材文件，单击"调整"面板中的"亮度\对比度"按钮，新建"亮度\对比度"调整图层，并在"属性"面板中将"亮度"滑块拖曳至95位置，将"对比度"滑块拖曳至55位置，此时可看到提高了原照片的亮度和对比度，让灯具变得更加明亮。

Step 02 编辑图层蒙版

单击"亮度\对比度1"图层蒙版，选择"画笔工具"，设置前景色为黑色，选择"从前景色到透明渐变"，然后单击"径向渐变"按钮，运用渐变工具从灯具中间位置向右下角拖曳渐变效果，控制亮度\对比度调整的范围。

Step 03 复制图像调整蒙版

选中"亮度\对比度1"调整图层，按下快捷键Ctrl+J，复制图层，得到"亮度\对比度1拷贝"图层，将此图层的"不透明度"设置为50%，再运用"渐变工具"对图层蒙版做进一步的调整，控制亮度\对比度调整的范围。

Step 04 设置"照片滤镜"

打开"调整"面板，单击面板中的"照片滤镜"按钮，新建"照片滤镜"调整图层，打开"属性"面板，在面板中选择"加温滤镜（81）"，设置"浓度"为83。

Step 05 应用滤镜效果

完后"照片滤镜"的设置后，返回图像窗口，查看到调整后的效果，降低了色温，画面呈现更温暖的色调氛围。

Step 06 复制调整图层

在"图层"面板中选中"照片滤镜1"图层，按下快捷键Ctrl+J，复制图层，得到"照片滤镜1拷贝"图层，将此图层的混合模式更改为"叠加"，"不透明度"为26%。

技巧 用Camera Raw滤镜调整色调

　　如果拍摄的照片以RAW格式存储，那么要对照片的色调进行调整，最好的方法就是使用Camera Raw滤镜进行处理。打开 RAW格式照片后，在Camera Raw窗口右侧的"基本"选项卡下就会显示一个"色温"选项，向左拖曳该选项滑块或输入负值，可降低画面中的色温；向右拖曳该选项滑块或输入正值，可提高画面中的色温，使画现呈现出黄色暖色调效果。

Step 07 设置并填充色彩

新建"颜色填充1"调整图层，并设置填充色为R248、G125、B17，选中"颜色填充1"调整图层，更改图层混合模式，再用黑色画笔在下方抽屉位置涂抹，还原图像颜色。

5.5 相同色温环境下的色彩校正

将同一件商品放置于不同的色温环境下进行拍摄，往往会使其呈现出不同的画面效果。在后期处理时，为了让同一组照片中的多张照片颜色更加和谐统一，可以应用"匹配颜色"命令匹配照片颜色，校正偏色的画面问题，得到更加统一的画面颜色。

●应用要点——"匹配颜色"命令

利用"匹配颜色"命令可以同时将两个图像更改为相同的色调，即可将一个图像（源图像）的颜色与另一个图像（目标图像）相匹配，此命令适合于同一环境中不同颜色的两个图像的颜色校正。

选择两张用于校色的照片后，执行"图像>调整>匹配颜色"菜单命令，打开如右图所示的"匹配颜色"对话框，在对话框中"目标图像"下会显示当前选择需要调整颜色的图像，用户可以在"图像统计"选项组下选择用于匹配颜色的源图像，选择源图像后，系统就会根据源图像的颜色对目标图像的颜色进行调整。

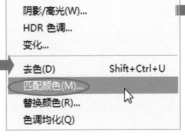

如果选择源图像后，图像还是没有达到满意的效果，可以通过调整"图像选项"组中的参数，进一步调整颜色匹配的明亮度、颜色强度和色彩渐隐程度。如右图所示，在"源"下拉列表中选择02.jpg素材图像，选择图像后可看到照片颜色已得到了校正，因此不需要再对明亮度、颜色强度再做调整。

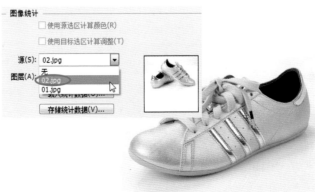

示例 匹配颜色展现独特插花艺术

● 难易指数 ★★☆☆

● 技术要点 ● 设置"匹配颜色"校正偏色
 ● "色阶"调整影调

实例文件	素材\05\05、06.jpg
	源文件\05\匹配颜色展现独特插花艺术.psd

Step 01 双联显示图像

打开素材\05\05、06.jpg素材文件,执行"窗口>排列>双联垂直"菜单命令,将打开的图像以双联垂直的方式显示。

技巧 01 多个图像的查看

Photoshop中可以同时打开多个图像并进行编辑,这样就为照片的后期查看提供了方便。默认情况下图像以"将所有内容合并到选项卡中"排列方式进行排列,在此排列方式下仅显示当前编辑的图像。如果需要查看其他图像,则需要执行"窗口>排列"菜单命令,在打开的子菜单中选择排列方式,选择后当前打开的所有照片就会按选定的排列方式重新进行排列。选择不同的排列方式,在窗口中所显示出的图像效果也会不一样。

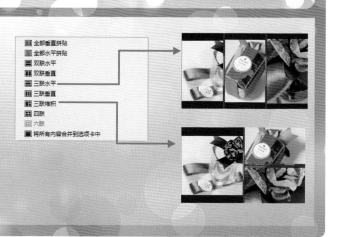

Step 02 打开对话框

选择06.jpg图像，执行"图层>复制图层"，复制"背景"图层，得到"背景拷贝"图层，执行"图像>调整>匹配颜色"菜单命令，打开"匹配颜色"对话框。

Step 03 选择匹配图像

单击"图像统计"选项组中"源"下拉按钮，在弹出的下拉列表中选择05.jpg选项，选择用于匹配颜色的源图像。

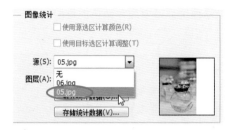

Step 04 设置匹配选项

继续在"匹配颜色"对话框中设置选项，输入"明亮度"为83，"颜色强度"为145，"渐隐"为51，设置后单击"确定"按钮，返回图像窗口，查看图像效果。

技巧 502 匹配选区内的图像颜色

使用"匹配颜色"命令不仅可以在不同的图像或图层之间进行颜色的匹配操作，也可以用于图像中某个选区内图像的颜色匹配操作。使用选区工具在图像中绘制选区后，在"匹配颜色"对话框中取消"应用调整时忽略选区"复选框的勾选状态，此时应用匹配颜色时，将会只对选区内的图像应用颜色匹配效果。

目标图像
目标: DSC_0538.JPG(图层 1, RGB/8)
□ 应用调整时忽略选区(I)

Step 05 调整图像对比

新建"色阶"调整图层，并在"属性"面板中输入色阶值为20、1.22、217，单击"色阶1"图层蒙版，运用黑色画笔在较亮的图像位置涂抹，还原涂抹区域的图像亮度。

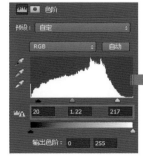

5.6 改变照片中的特定颜色

在任何一张商品照片中都会包含多种不同的颜色，这些颜色共同决定了画面的效果。在后期处理时，可以根据不同的要求，对画面中的一种颜色进行调整，更改画面中的特定颜色，让画面呈现了别样的效果。在Photoshop中，运用"可选颜色"命令可以对照片中一种或多种颜色所占的颜色比进行设置，从而达到改变照片颜色的目的。

●应用要点——"可选颜色"命令

在商品照片后期处理中，如果需要在不更改画面整体色调的情况下，对图像中一部分对象的色彩进行调整，可以使用"可选颜色"命令完成。"可选颜色"命令通过调整原色中的各种印刷油墨的数量来达到更改照片色彩的目的，它适合于调整基于一个用于显示用户指定颜色的CMYK文件，使文件印刷出的颜色更加准确。执行"图像>调整>可选颜色"菜单命令，即可打开"可选颜色"对话框，在对话框中的"颜色"下拉列表中选取需要设置的颜色，其中包括了红色、黄色和黑色等多种不同的颜色。在具体操作过程中，用户根据需要，选择要调整的颜色并对其颜色比进行设定，实现照片色彩的更改。

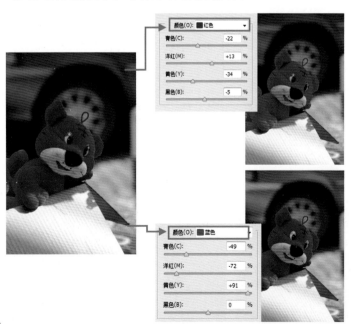

如左图所示，打开一张拍摄的挂饰照片，执行"可选颜色"命令，打开"可选颜色"对话框，在对话框中选择默认的"红色"选项，拖曳下方的颜色滑块位置，调整青色、洋红、黄色和黑色颜色比值，设置后可以看到原来红色区域的图像转换成了粉红色效果；如果选择"蓝色"选项，拖曳下方的颜色滑块位置后，可以看到原来画面上方的蓝色汽车背景转换为青绿色效果，由此可以得出，对不同的颜色进行设置，产生的图像效果会有非常明显的区别。

示例 利用局部修饰让色彩更出众

● 难易指数 ★★★☆

● 技术要点 ● 执行"色阶"调整高光亮度
● 创建"选取颜色"修饰颜色

实例
文件
素材\05\07.jpg
源文件\05\利用局部修饰让色彩更出众.psd

Step 01 选择"高光"选项

打开素材\05\07.jpg素材文件，执行"选择>色彩范围"菜单命令，打开"色彩范围"对话框，在对话框中单击"选择"下拉按钮，在展开的下拉列表中选择"高光"选项，单击"确定"按钮，返回图像窗口，根据设置的选择范围，创建选区。

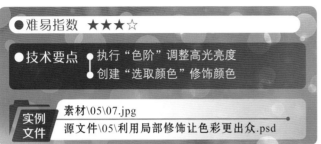

Step 02 设置"色阶"调整选区明暗

单击"调整"面板中的"色阶"按钮，新建一个"色阶"调整图层，在"属性"面板中输入色阶值为23、1.34、255，设置后可以在图像中看到降低了原图像阴影部分的亮度，并提亮了中间调部分。

Step 03 创建"选取颜色"调整图层

单击"调整"面板中的"可选颜色"按钮，在"图层"面板中创建一个"选取颜色1"调整图层。

Step 04 设置颜色百分比

打开"属性"面板,在面板中选择"黑色"选项,设置颜色比为0、+70、0、0,选择"红色"选项,设置颜色比为-39、+58、-7、-24,单击"绝对"单选按钮。

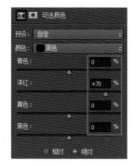

Step 05 用画笔编辑图层蒙版

设置前景色为黑色,选择"画笔工具",在工具选项栏中调整画笔的不透明度和流量,运用黑色画笔在不需要更改颜色的背景部分涂抹,还原图像色彩。

Step 06 复制"选取颜色"图层

选中"选取颜色1"调整图层,按下快捷键Ctrl+J,复制图层,得到"选取颜色1拷贝"图层,将此图层的混合模式更改为"颜色","不透明度"为80%,加深粉色。

Step 07 设置"减少杂色"选项

按下快捷键Ctrl+Shift+Alt+E,盖印图层,执行"滤镜>杂色>减少杂色"菜单命令,打开"减少杂色"对话框,在对话框中依次设置各选项为10、33、2、2,单击"确定"按钮,应用滤镜减少图像中的杂色。

5.7 混合图像色彩

处理商品照片时，不但可以通过调整特定颜色比值来更改照片色调，也可以调整图像中的单个颜色通道的颜色比值来更改照片色调。在Photoshop中应用"通道混合器"命令可以混合指定颜色通道颜色比，创建高品质的灰度图像、棕色调图像或者其他色调的图像效果。

●应用要点——通道混合器

"通道混合器"命令主要采用增减单个通道颜色的方法来调整图像色彩，它可以对颜色之间的混合比例进行调整，也可以对不同通道中的颜色进行调整。

打开素材图像后，执行"图像>调整>通道混合器"菜单命令，将打开"通道混合器"对话框，单击"通道混合器"对话框中的"输出通道"下拉列表中，能设置所有输出的通道，选择输出通道后，拖曳下方红色、绿色和蓝色选项滑块，调整它们的位置，就可对所选通道的颜色进行处理。如下图所示，选择了"蓝"通道为输出通道，调整颜色后，可看到图像降低了黄色，让偏黄的照片色彩变得更加自然。

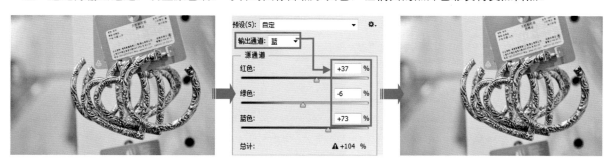

在"通道混合器"对话框中，除了可以拖曳或输入数值调整图像效果外，也可以选择预设快速转换照片颜色。打开"通道混合器"对话框单击"预设"选项右侧的倒三角形按钮，即可展开"预设"下拉列表，在此列表中显示了预先设置好的混合选项，选择不同选项后，将得到不同的影像效果。

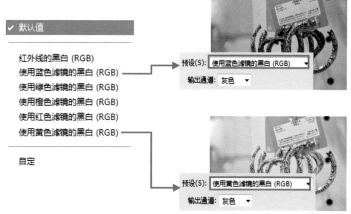

示例 调出复古韵意味的小商品

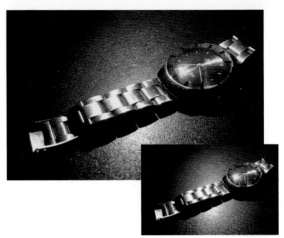

● 难易指数 ★★☆☆

● 技术要点 ● 设置"色相\饱和度"降低像饱和度
　　　　　　 "通道混合器"变换颜色

实例文件
素材\05\08.jpg
源文件\05\调出复古韵味的小商品.psd

Step 01 降低饱和度

打开素材\05\08.jpg素材文件，单击"调整"面板中的"色相\饱和度"按钮，新建"色相\饱和度"调整图层，在打开的"属性"面板中将"饱和度"滑块拖曳至−42位置，降低原商品照片的饱和度。

Step 02 设置"通道混合器"选项

打开"调整"面板，单击面板中的"通道混合器"按钮，新建一个"通道混合器"调整图层，并打开"属性"面板，在面板中选择"红"通道，输入颜色值为+71、+18、+7。

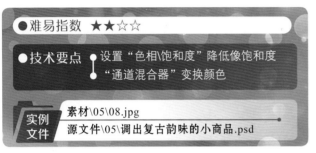

Step 03 设置混合选项

单击"输出通道"下拉按钮，选择"蓝"选项，输入颜色值为−20、+10、+88，设置后在图像窗口中可查看到应用"通道混合器"混合色彩的画面效果。

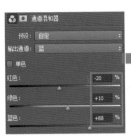 

Step 04 用"色彩平衡"修饰颜色

新建"色彩平衡"调整图层，打开"属性"面板，在面板中选中"中间调"选项，输入颜色值为−28、−5、+43，根据输入数值平衡中间调区域的图像色彩，加深蓝色调。

技巧 着色通道图像

使用"通道混合器"命令不仅可以对各通道颜色进行调整，也可以通过勾选"通道混合器"对话框中的"单色"复选框，将图像转换为单色的图像，并且还可以拖曳下方的颜色滑块，调整各颜色通道所占的比值，增强或降低黑白图像的对比强度。利用"单色"复选框设置后的效果与应用"黑白"命令将图像转变为黑白效果相似。

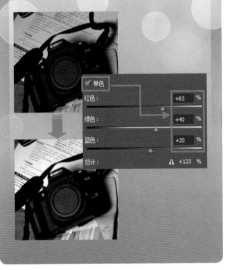

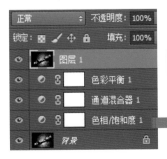 

Step 05 设置滤镜锐化图像

按下快捷键Ctrl+Shift+Alt+E，盖印图层，得到"图层1"图层，执行"滤镜>锐化>进一步锐化"菜单命令，锐化图像素，得到更清晰的纹理效果。

5.8 黑白影像的设置

与彩色图像相比，黑白图像具有更强的表现力。因此，在后期处理时，可以将拍摄的商品照片转换为黑白照片效果。具体的操作方法是使用"黑白"命令将图像快速转换为黑白效果，再对画面的明亮度进行调整，增强亮部与暗部的对比，获得更有质感的商品照片。

●应用要点 1——自定义黑白调整

与彩色图像相比，黑白图像更能传达出真实的情感。Photoshop中，使用"黑白"命令可以将彩色图像快速设置为黑白图像，并且会保持对各颜色的转换方式的完全控制，让设置出的黑白照片更能符合商品主体的表现。

打开一张拍摄到的艺术品照片，执行"图像>调整>黑白"菜单命令，打开"黑白"对话框，在对话框中如果需要快速创建黑白照片效果，可单击"预设"下拉按钮，在展开的下拉列表中选择预设的黑白选项，如右图所示，选择后，就将会对打开的图像应用该黑白效果。

●应用要点 2——自动黑白

使用"黑白"命令创建黑白图像时，为了获取更为细腻的黑白效果，可以选择"自动"黑白进行黑白照片的设置。选择要创建为黑白效果的商品照片，执行"黑白"菜单命令后，在"黑白"对话框中单击右侧的"自动"按钮，系统根据图像的颜色值设置灰度混合，并对各颜色滑块的位置进行调整，使灰度值的分布最大化。

示例 利用黑白灰效果突出商品质感

● 难易指数 ★★☆☆

● 技术要点 ┃ "阴影\高光"命令提亮暗部
           ┃ "黑白"命令转换黑白效果

实例文件 ┃ 素材\05\09.jpg
         ┃ 源文件\05\利用黑白灰效果突出商品质感.psd

Step 01 设置"阴影\高光"选项

打开素材\05\09.jpg素材文件,选择"背景"图层并复制,得到"背景拷贝"图层,选中"背景拷贝"图层,执行"图像>调整>阴影\高光"命令,打开"阴影\高光"对话框,在对话框中设置阴影"数量"为37,单击"确定"按钮,提高阴影亮度。

Step 02 将图像转换为黑白效果

打开"调整"面板,单击面板中的"黑白"按钮,在"图层"面板中得到一个"黑白1"调整图层,创建调整图层后,将原来的彩色照片转换为黑白照片。

技巧 快速创建黑白照片

要创建黑白照片效果，最快速的方法就是使用Lightroom中的"黑白"按钮快速转换黑白照片效果。将照片导入到Lightroom中后，切换至"修改照片"模块，单击"基本"面板中的"黑白"按钮，去除照片中的色彩，得到黑白照片效果。

Step 03 设置黑白选项

打开"属性"面板，单击面板中的"自动"按钮，Photoshop根据打开的图像自动调整下方的颜色值。

Step 04 用"色阶"增强明暗对比

新建"色阶"调整图层，打开"属性"面板，在面板中将白色滑块拖曳至205位置，拖曳后提高高光部分的图像亮度，增强了图像的明暗对比效果。

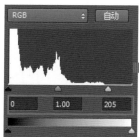

Step 05 执行滤镜锐化细节

按下快捷键Ctrl+Shift+Alt+E，盖印图层，得到"图层2"图层，将此图层的混合模式设置为"叠加"，执行"滤镜>其他>高反差保留"菜单命令，在打开的对话框中设置"半径"为8.0，单击"确定"按钮，锐化图像，再运用黑色画笔在不需要锐化的图像上涂抹，还原图像清晰度。

Chapter

商品照片的抠图应用

06

选择图像是图像处理的首要操作，而抠图则是选择的一种具体应用形式，也是商品照片后期处理较为重要的技法之一。利用Photoshop中的"抠图"技术经过创意的设计，不仅能让拍摄的商品照片更加精美，也能更为直观地反映商品特质。在本章中，会为读者讲解一些常用的图像抠取知识，根据不同的商品特征，抠出画面中的商品对象。

本 章 重 点

- 快速抠图
- 连续地选择多个区域对象
- 抠取边缘反差较大的图像
- 选择轮廓清晰的商品对象
- 精细抠取图像
- 特殊商品对象的抠取
- 抠取商品的阴影

6.1 快速抠图

商品照片后期过程时，常常会遇到商品对象的快速抠取操作。在Photoshop中，使用"快速选择工具"可以从原画面中将需要的主体对象快速地抠取出来，再通过替换背景等方式来让拍摄的商品更符合主题的表现，获得更好的展示效果。

对于大部分商品来讲，都需要经过后期处理让画面变得更加美观，在拍摄商品时，为了便于在后期处理时能够快速地抠取图像，可以选用与要表现商品颜色反差较大的单色背景，为后期处理提高工作效率。

● 应用要点——快速选择工具

"快速选择工具"主要通过鼠标单击在需要的区域迅速创建出选区，它以画笔的形式出现，通过调整画笔的笔触大小来控制选择对象的范围宽度，画笔直径越大，所选择的图像范围就越广。打开一幅素材图像，如下图所示，选择工具箱中的"快速选择工具"，在"画笔预设"选取器中选择画笔并设置画笔直径大小，然后使用"快速选择工具"在商品位置单击，就会根据单击位置的颜色，快速创建选区。

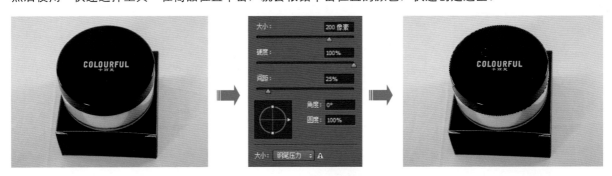

如果需要继续添加选区，则可以单击选项栏中的"添加到选区"按钮，继续使用此工具在图像中进行单击，将所有商品对象创建为选区，按下快捷键Ctrl+J，就可以将选区中的图像抠取出来。

示例 从单一背景中快速抠出精美化妆品

- ● 难易指数 ★★☆☆

- ● 技术要点 ┤ 用"快速选择工具"选取图像
             设置图层样式提亮边缘

实例文件
素材\06\01、02.jpg
源文件\03\从单一背景中快速抠出精美化妆品.psd

Step01 单击图像创建选区

打开素材**\06\01.jpg**素材文件，在工具箱中单击"快速选择工具"按钮 ，将鼠标移至打开的化妆品图像上，在瓶身位置单击，可以看到在图像中创建了选区。

Step02 添加选区

单击"快速选择工具"选项栏中的"添加到选区"按钮 ，继续在画面中的瓶子位置单击，将更多的图像添加至原选区之中。

Step03 编辑选区

继续在化妆品上单击，编辑选区，再单击"快速选择工具"选项栏中的"从选区中减去"按钮 ，在不需要选择的背景图像上单击，减去选区，通过反复的调整选区，选中所有化妆品对象。

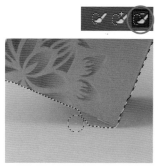

Step 04 收缩选区复制图像

执行"选择>修改>收缩"菜单命令,在打开的对话框中输入"收缩量"为1,收缩选区,按下快捷键Ctrl+J,复制选区内的图像,得到"图层1"图层。

Step 05 编辑蒙版并设置"外发光"样式

打开素材\06\02.jpg素材文件,将"图层1"图层中的化妆品复制到打开的新的背景素材上,添加图层蒙版,运用黑色画笔在化妆品边缘涂抹,将多余的图像隐藏起来,双击"图层1"图层,打开"图层样式"对话框,在对话框中设置"内发光"样式,为图像添加外发光效果。

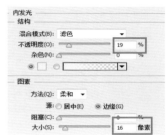

Step 06 设置"色阶"

按下Ctrl键不放,单击"图层1"图层,载入选区,新建"色阶"调整图层,在打开的"属性"面板中输入色阶值为0、1.94、208,调整化妆品的对比效果。

Step 07 调整颜色饱和度

按下Ctrl键不放,单击"图层1"图层,载入选区,新建"色相/饱和度"调整图层,并在"属性"面板中对各颜色的色相和饱和度进行调整,增强图像的色彩鲜艳度。

Step 08 盖印图像添加倒影

盖印"图层1"及上方的所有调整图层,得到"色相\饱和度1(合并)"图层,垂直翻转图像,添加图层蒙版,用"渐变工具"编辑图层蒙版,得到投影效果。

Step 09 快速抠取图像

选择"背景"图层,运用"快速选择工具"在花朵图像上单击,创建选区,复制选区内的图像,得到"图层2"图层,将此图层移至最上方,遮挡一部分化妆品图像。

6.2 连续地选择多个区域对象

商品照片的后期处理，经常会需要连续选择画面中的多个区域的图像。此时，可以应用Photoshop中的"魔棒工具"来实现。选择工具箱中的"魔棒工具"以后，在需要选择的对象上连续地单击，就可以将鼠标单击位置的图像添加至选区，选中更多的图像效果。

●应用要点——魔棒工具

"魔棒工具"用于选择图像中像素颜色相似的不规则区域，它主要通过图像的色调、饱和度和亮度信息来决定选取的图像范围。选择"魔棒工具"后，可通过选项栏中的设置来调整对象的选取方式和选择范围等。"魔棒工具"在选择图像时，主要由容差值的大小来确定选择的范围宽度，设置的容差值越大，所选的图像就越多；设置的容差值越小，选择的图像范围就越少。

打开一幅素材图像，单击工具箱中的"魔棒工具"按钮，在选项栏中设置"容差"值为50，将鼠标移至商品后方的背景位置，单击鼠标后，就会在图像中创建出选区效果。

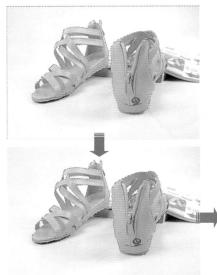

单击"魔棒工具"选项栏中的"添加到选区"按钮，继续在图像中单击，经过多次单击后，可以看到整个背景图像被添加到选区中，执行"选择>反向"菜单命令，反选选区，就可看到在画面中选中鞋子部分，按下快捷键Ctrl+J，会将选区内的图像抠出。

 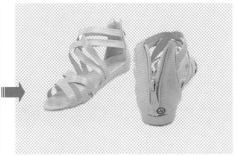

示例 抠出数码产品替换整洁背景

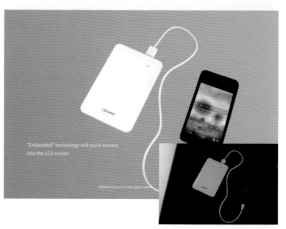

● 难易指数 ★☆☆☆

● 技术要点 ● 用"魔棒工具"快速选取图像
● 创建新图层填充颜色

实例文件 素材\06\03、04.jpg
源文件\06\抠出数码产品替换整洁背景.psd

Step 01 单击创建选区

打开素材\06\03.jpg素材文件，选择"魔棒工具"，将鼠标移至黑色的背景位置，单击鼠标，创建选区。

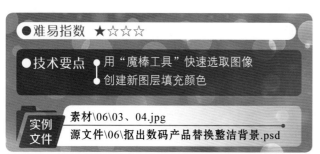

Step 02 添加选区

单击"魔棒工具"选项栏中的"添加到选区"按钮 ，继续在背景图像上单击，添加更多的图像至选区中。

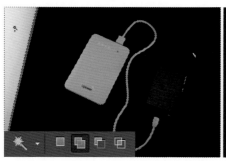

技巧 不同容差下的对象抠取

运用"魔棒工具"选择图像时，主要通过选项栏中的"容差"值来控制选择图像的范围大小，设置的容差参数为1~255之间的任意整数值，输入的容差越大，选取的范围就大。

容差: 20

容差: 70

Step 03 编辑选区

在"魔棒工具"选项栏中将"容差"值设置为20，单击"从选区中减去"按钮 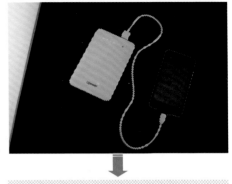，继续在背景位置单击，调整选区，将所有的背景图像添加至选区中。

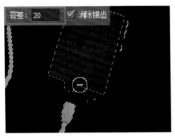

Step 04 复制选区内的图像

执行"选择>反向"菜单命令，反选选区，将数码产品添加至选区，按下快捷键Ctrl+J，复制选区内的图像，得到"图层1"图层，单击"背景"图层前的"指示图层可见性"按钮 ，隐藏图层，查看抠出的图像。

Step 05 编辑图层蒙版

为"图层1"图层添加图层蒙版，设置前景色为黑色，运用画笔在抠出的图像边缘涂抹，隐藏抠出的多余的图像，得到更加精细的图像，按下快捷键Ctrl+J，复制"图层1"图层，得到"图层1拷贝"图层，右击图层蒙版，在弹出的菜单中执行"应用图层蒙版"按钮，应用蒙版。

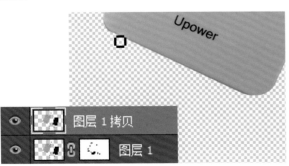

Step 06 创建新图层填充颜色

设置前景色为R168、G194、B0，背景色为R122、G143、B2，在"背景"图层上新建"图层2"图层，选择"渐变工具"，单击"径向渐变"按钮，在新建的图层中拖曳径向渐变效果。

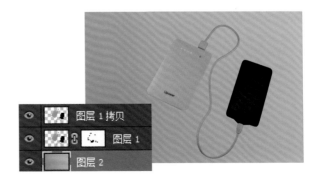

Step 07 设置"色阶"调整对比

按下Ctrl键不放，单击"图层1"图层，将抠出的手机及充电宝图像载入选区，单击"调整"面板中的"色阶"按钮，新建"色阶"调整图层，在打开的"属性"面板中输入色阶值为0、2.79、175，提高中间调和阴影图像的亮度，选择"画笔工具"，设置前景色为黑色，用画笔在手机上涂抹，还原手机的亮度。

Step 08 复制图像调整大小和位置

打开随书光盘中的素材\06\04.jpg素材图像，将打开的图像复制到抠出的手机图像上方，按下快捷键Ctrl+T，打开自由变换编辑框，右击编辑框中的图像，在弹出的菜单中执行"编辑>变换>透视"菜单命令，调整透视角度，再右击编辑框中的图像，在弹出的菜单中执行"缩放"命令，缩放图像，再按下键盘中的Enter键，应用变换效果。

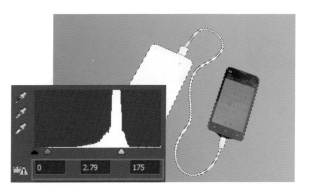

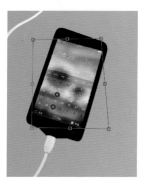

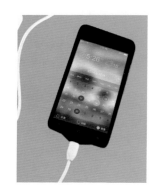

Step 09 用"魔棒工具"创建选区

隐藏上一步添加的手机界面所在的"图层3"图层，选择工具箱中的"魔棒工具"，在右侧的手机图像上单击，创建选区，单击选项栏中的"添加到选区"按钮，继续在手机图像内部单击，将整个手机屏幕添加至选区。

Step 10 选择图像添加上蒙版

显示隐藏的"图层3"图层，单击"图层"面板底部的"添加图层蒙版"按钮，为"图层3"图层添加图层蒙版，将选区外的图像隐藏起来，选择"横排文字工具"，在图像左侧输入合适的白色文字。

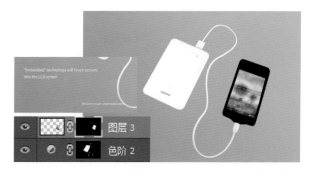

6.3 抠取边缘反差较大的图像

为了让拍摄出来的商品更为醒目，摄影者在拍摄的过程中，往往会选择在与商品色彩反差较大的环境下进行拍摄，从而更好地突显画面中的商品对象。对于这类照片的后期处理，可以利用"磁性套索工具"沿画面中的商品对象单击并拖曳，从而抠出较为准确的商品对象。

● 应用要点——磁性套索工具

"磁性套索工具"适用于快速选择边缘与背景反差较大且边缘复杂的对象，图像反差越大，所选择的对象就越精准。打开素材图像，在工具箱中单击"磁性套索工具"按钮，然后在图像中需要选择的对象的某一处单击，并沿对象边缘拖曳鼠标，即可自动创建带锚点的路径，双击鼠标或当终点与起点重合时单击，就会自动创建出闭合的选区，如下图所示。

 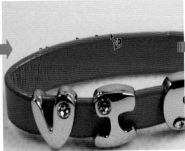 

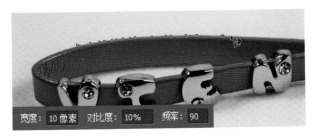

使用"磁性套索工具"选择对象时，用户还可以根据具体的对象调整选项栏中的选项设置，选择更精确的图像。在"磁性套索工具"选项栏中包括了"宽度""对比度"和"频率"三个非常重要的选项，其中"宽度"选项主要用于设置检测的范围，系统会以当前光标所在的点为标准，在设置的范围内查找反差最大的边缘，设置的值越小，创建的选区越精确；"对比度"选项用于设置边界的灵敏度，设置的值越高，则要求边缘与周围环境的反差越大；"频率"选项用于设置生成锚点的密度，设置的值越大，在图像中生成的锚点就越多，选取的图像就越精确。

示例 抠出精致的时尚小包

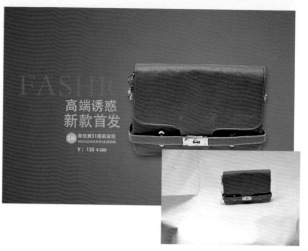

● 难易指数 ★★★☆

● 技术要点
- 用"磁性套索工具"抠出图像
- 调整"自然饱和度"增强色彩
- 设置"色阶"增强对比

| 实例文件 | 素材\06\05.jpg |
| | 源文件\06\抠出精致的时尚小包.psd |

Step 01 沿图像单击并拖曳

打开素材\06\05.jpg素材文件，在图像窗口查看到打开的原始图像，按下快捷键 Ctrl++，放大图像，选择"磁性套索工具"，在选项栏中设置选项，再沿包包边缘单击并拖曳鼠标。

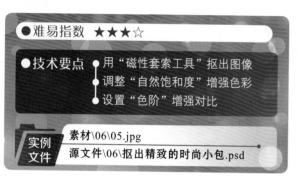

Step 02 绘制路径创建选区

当拖曳的终点与起点重合时，可以看到光标变为形，单击鼠标可以连接路径，获得到选区选择图像，此时可以看到照片中的包包对象被添加到设置的选区之中。

Step 03 从选区中减去新选区

单击"磁性套索工具"选项栏中的"从选区减去"按钮 ，按下快捷键Ctrl++，放大图像，在包包选区内的背景图像上继续单击并拖曳鼠标，绘制出路径效果，当绘制的起点与终点重合时，创建选区，此时会在原选区中删除新创建的选区。

Step 04 编辑选区

继续使用同样的操作方法，对选区进行调整，删除原选区中的背景图像，将原选区中选中的多余图像从选区中删除。

Step 05 调整选区并复制图像

执行"选择>修改>收缩"菜单命令，打开"收缩选区"对话框，在对话框中输入"收缩量"为2，单击"确定"按钮，收缩选区，按下快捷键Ctrl+J，复制选区内的图像，得到"图层1"图层。

技巧 收缩选区

在对选区进行编辑时，应用"收缩"命令可对选区按设置的参数值进行缩小，防止将多余的图像选取出来。运用选区工具在画面中创建选区后，执行"选择>修改>收缩"菜单命令，会打开"收缩选区"对话框，在对话框中输入"收缩量"，可调整缩小的范围大小，设置的数值越大，收缩的范围就越大。

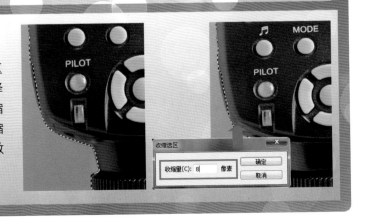

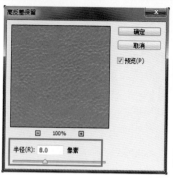

Step 06 执行"高反差保留"滤镜

复制"图层1"图层，得到"图层1拷贝"图层，执行"滤镜>其他>高反差保留"菜单命令，打开"高反差保留"对话框，输入"半径"为8.0，单击"确定"按钮，选中"图层1拷贝"图层，将图层混合模式设置为"叠加"。

Step 07 填充渐变色背景

运用"裁剪工具"裁剪多余的图像边缘，然后在"图层1"图层下方新建"图层2"图层，选择"渐变工具"，设置前景色为R34、G139、B200，背景色为R4、G67、B109，单击"径向渐变"按钮，为抠出的包包填充渐变背景。

Step 08 设置"色阶"和"自然饱和度"

单击"图层"面板中的"图层1"图层，载入包包选区，新建"色阶1"调整图层，在"属性"面板中输入色阶为7、1.00、196，新建"自然饱和度"调整图层，输入"自然饱和度"为+100，"饱和度"为+36，调整包包的颜色鲜艳度。

Step 09 设置"色阶"调整影调

载入包包选区，新建"色阶2"调整图层，打开"属性"面板，在面板中单击"预设"下拉按钮，在展开的列表中选择"中间调较亮"选项，提亮中间调，选用形状工具和文字工具为画面添加合适的图形与文字，最后适当旋转一下整个包包的角度。

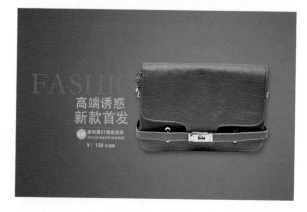

6.4 选择轮廓清晰的商品对象

为了商品的携带、运输和保护商品，一般都为商品设置包装盒。商品包装盒多为正方形、长方形等规则的形状，对于此类照片的后期处理，可以运用Photoshop中的"多边形套索工具"进行处理。选择工具箱中的"多边形套索工具"，然后在图像中连续单击，就可以将商品从原图像中抠取出来。

●应用要点——多边形套索工具

"多边形套索工具"主要用于在图像或某个图层中手动创建多边形不规则选区。使用"多边形套索工具"可快速选择轮廓较为规则的多边形商品对象，如数码产品、商品外包装盒等。

打开素材图像，在工具箱中单击"多边形套索工具"按钮，使用鼠标在图像中需要创建选区的图像上连续单击，以绘制出一个多边形，双击鼠标，即可自动闭合多边形路径并获得选区，如右图所示，此时复制选区内的图像就可以抠出图像。

示例 抠出精美的项链

●难易指数 ★★★☆

●技术要点 ▸用"多边形套索工具"选择图像
▸填充渐变颜色

实例文件	素材\06\06、07.jpg
	源文件\06\抠出精美的项链.psd

Step 01 在图像中单击

打开素材\06\06.jpg素材文件，单击工具箱中的"多边形套索工具"按钮，选中"多边形套索工具"，设置"羽化"为2像素，在首饰盒子的边缘位置单击，创建路径起点。

Step 02 绘制路径

将鼠标移至首饰盒子的另一个边缘位置，单击鼠标，添加第二个路径锚点，并在两个锚点之间以直线路径的方式连接起来。

Step 03 创建选区

继续使用"多边形套索工具"沿首饰盒对象绘制路径，当绘制的路径起点与终点重合时，光标会变为形，单击鼠标，创建出选区。

Step 04 添加投影效果

为"图层1"图层添加图层蒙版，运用"渐变工具"编辑图层蒙版，然后双击"图层1"图层，打开"图层样式"对话框，在对话框中设置"投影"选项，为图像添加投影效果。

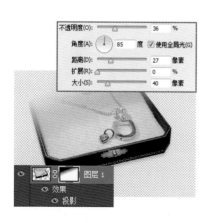

Step 05 设置滤镜效果

选择"图层1"图层，复制该图层，得到"图层1拷贝"图层，删除图层样式，运用"渐变工具"调整蒙版，隐藏右下角的图像，再执行"滤镜>模糊>高斯模糊"菜单命令，设置"半径"为7.0，单击"确定"按钮，模糊图像。

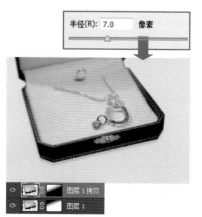

Step 06 填充渐变颜色

打开素材\06\07.jpg素材文件，将打开的素材图像复制到抠出的图像下方，选择"渐变工具"，创建新图层后，应用此工具在图像上拖曳渐变效果，根据画面效果，对图层混合模式进行调整，使画面的色彩过渡得更自然。

6.5 精细抠取图像

商品照片后期处理过程中，经常会遇到一些边缘轮廓比较复杂的图像的抠取，此时使用简单的选择工具并不能完成图像的准确选择，这时可以使用"钢笔工具"来实现。通过"钢笔工具"沿需要选择的对象绘制工作路径，然后将绘制的路径转换为选区，复制选区即可将选区中的图像抠出。

● 应用要点——钢笔工具

"钢笔工具"可以绘制出精确的直线或曲线路径，通过将这些绘制的路径转换选区，就能够从原图像中选出需要的对象。

打开一张商品照片，选择工具箱中的"钢笔工具"，将鼠标移至要选择的商品对象上，单击鼠标添加路径起始锚点，在商品的另一边缘位置单击，添加第二个路径锚点，如右图所示。

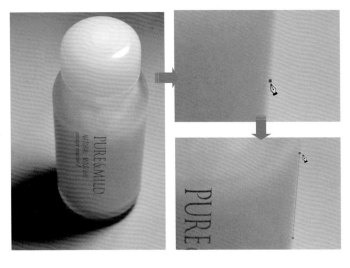

继续沿对象绘制路径，在另一位置单击添加路径锚点，按下鼠标不放，单击并拖曳，绘制出曲线路径，经过连续的单击并拖曳操作，绘制出一个完整的工作路径，打开"路径"面板，在面板中会看到绘制的路径缩览图，单击面板中的"将路径作为选区载入"按钮，就可将绘制的路径转换为选区，此时可以看到原画面中的商品对象被添加到选区中。

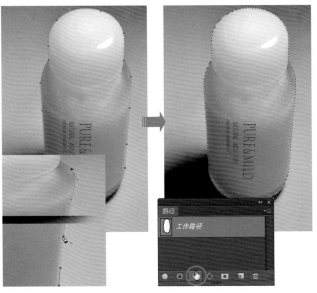

示例 抠出漂亮的时尚美鞋

● 难易指数 ★★☆☆

● 技术要点
- 使用"钢笔工具"沿对象绘制路径
- 转换路径选区抠出图像
- 调整"色阶"提亮图像

实例文件	素材\06\08.jpg
	源文件\06\抠出漂亮的时尚美鞋.psd

Step 01 打开图像创建路径锚点

打开素材\06\08.jpg素材文件，在图像窗口中查看打开的原图像效果，选择工具箱中的"钢笔工具"，在鞋子的边缘位置单击，添加一个路径锚点。

Step 02 绘制曲线路径

将鼠标移至鞋子边缘的另一位置，单击并按下鼠标不放，拖曳鼠标，绘制出一条曲线路径。

Step 03 转换路径锚点

创建曲线路径后，按下Alt键不放，单击绘制的第二个路径锚点，转换锚点。

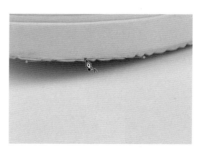

Step 04 绘制曲线路径

将鼠标移至鞋子边缘的另一位置，单击并按下鼠标不放，拖曳鼠标，再绘制出一条曲线路径。

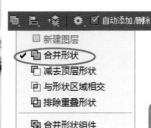

继续使用同样的方法，沿鞋子边缘绘制出一个封闭的工作路径，再单击选项栏中的"路径操作"按钮 ，在弹出的下拉列表中单击"合并形状"选项。

Step **06** 将路径转换为选区

使用同样的方法，沿另一只鞋子绘制路径，然后按下**Shift**键不放，选用"直接选择工具"单击绘制的路径，同时选中两个路径，右击工作路径，在弹出的菜单中执行"建立选区"命令，打开"建立选区"对话框，在对话框中输入"羽化半径"为1，设置后单击"确定"按钮。

Step **07** 复制选区内的图像

将绘制的路径创建为选区，选中"背景"图层，按下快捷键**Ctrl+J**，复制选区内的图像，得到"图层1"图层，单击"背景"图层前的"指示图层可见性"按钮 ，隐藏图层，查看抠出的鞋子图像。

技巧01 路径与选区的转换

运用"钢笔工具"抠图时，只有将绘制的工作路径转换为选区，才能将对象从原图像中抠取出来。Photoshop中要将路径转换为选区有多种方法，最方便的就是运用"路径"面板进行转换。在"路径"面板中选中要转换为选区的工作路径，单击面板底部的"将路径作为选区载入"按钮，就能快速地将路径转换为选区。除此之外，还可以运用快捷菜单转换，右击图像中绘制的工作路径，在弹出的快捷菜单中执行"建立选区"命令，打开"建立选区"对话框，在对话框中设置参数，创建选区；其次可以按下快捷键**Ctrl+Enter**，快速将路径转换为选区。

Step 08 创建新图层填充颜色

单击"图层"面板中的"创建新图层"按钮，在"背景"图层上新建"图层2"图层，设置前景色为R255、G230、B235，按下快捷键Alt+Delete，将"图层2"图层填充为粉色。

Step 09 为图像设置投影效果

双击"图层1"图层，打开"图层样式"对话框，在对话框中选择"投影"样式，设置颜色为R195、G132、B154，"不透明度"为30，"角度"为76，"距离"为12，"大小"为24，单击"确定"按钮，根据设置的样式，为抠出的鞋子添加投影效果。

Step 10 绘制图形并添加文字

按下Ctrl键不放，单击"图层1"图层，载入选区，新建"色阶"调整图层，并在"属性"面板中输入色阶值为0、1.18、233，新建"色相\饱和度"调整图层，并在"属性"面板中输入"色相"为−3，"饱和度"为+8，调整鞋子影调，结合图形绘制工具和文字工具添加图形与文字效果。

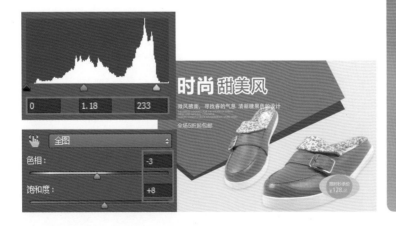

技巧02 将要调整图层载入选区

抠取图像后，往往需要对抠出的图像的明暗、颜色进行调整，此时就需要将抠出的图像载入选区。Photoshop中，要将图层中的对象载入选区，可以按下Ctrl键不放，单击"图层"面板中的图层缩览图；也可以在"图层"面板中选中图层后，执行"选择>载入选区"菜单命令，打开"载入选区"对话框，在对话框中设置选项，载入选区。

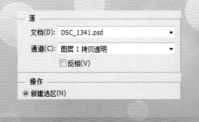

6.6 特殊商品对象的抠取

玻璃、水晶类饰品等半透明物品的抠取是抠图中的一大难点，对于此类商品对象的抠取，不仅需要抠出物体的整体轮廓，而且还需要将物体的透明质感表现出来。在后期处理时，需要运用"钢笔工具"抠出商品对象，再运用通道对抠图的图像进行编辑，选出半透明的商品对象。

●应用要点 1——复制通道

通道是编辑图像的基础，具有极强的可编辑性，在商品照片后期处理过程中，使用通道抠图可以精确地抠出画面中需要的对象，得到最为理想的抠图效果。运用通道抠图前，通常需要将通道中的图像进行复制操作，打开图像后，切换至"通道"面板，在面板中选择要复制的颜色通道，执行"编辑>拷贝"菜单命令或将要复制的通道拖曳至"创建新通道"按钮，复制选中的通道中的图像，复制通道后，可以运用工具箱中的工具对通道中的图像进行编辑操作，即把需要保留的图像涂抹为白色，不需要保留的区域涂抹为黑色。

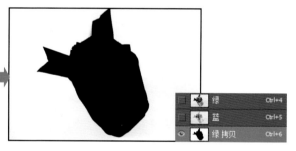

●应用要点 2——载入通道选区

在"通道"面板中完成通道的编辑后，就可以将通道中的图像载入选区，进行图像的抠取操作。载入通道图像时，选择要载入的通道图像，按下Ctrl键不放，单击通道缩览图或单击"通道"面板底部的"将通道作为选区载入"按钮，就会将该通道中的图像载入选区。载入选区以后，要换至"图层"面板，然后在窗口中就会看到载入的通道选区范围。

示例 抠出漂亮的水晶玻璃杯

● 难易指数 ★☆☆☆

● 技术要点 ● 运用"钢笔工具"抠出图像
● 复制通道调整图像

实例文件
素材\06\09、10.jpg
源文件\06\抠出漂亮的水晶玻璃杯.psd

Step 01 打开图像绘制路径

打开素材\06\09.jpg素材文件，在图像窗口查看打开的原图像效果，单击工具箱中的"钢笔工具"按钮，沿照片中的杯子对象绘制路径。

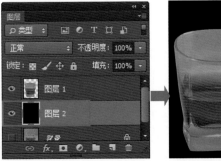

Step 02 创建新图层填充为黑色

单击"路径"面板底部的"将路径作为选区载入"按钮，将路径转换为选区，按下快捷键Ctrl+J，复制选区内的图像，抠出杯子图像，得到"图层1"图层。

Step 03 创建新图层填充为黑色

单击"图层"面板中的"创建新图层"按钮，在"图层1"图层下方新建"图层2"图层，设置前景色为黑色，按下快捷键Alt+Delete，将"图层2"图层填充为黑色。

Step 04 复制颜色通道

单击"通道"标签，切换至"通道"面板，在面板中选中"蓝"通道，并将此通道拖曳至"创建新通道"按钮 ，复制通道，得到"蓝拷贝"通道。

Step 05 调整亮度和对比度

执行"图像>调整>亮度\对比度"菜单命令，打开"亮度\对比度"对话框，在对话框中输入"亮度"为60，"对比度"为100，提亮图像，增强对比效果。

Step 06 载入通道选区

在"通道"面板中单击面板底部的"将通道作为选区载入"按钮 ，将"蓝拷贝"通道中的图像载入选区，并在图像窗口中查看载入的选区效果。

Step 07 查看选区效果

按下**Ctrl**键不放，单击"通道"面板中的**RGB**颜色通道，查看载入的选区效果，再执行"选择>反向"菜单命令，反选选区。

Step 08 添加图层蒙版

切换至"图层"面板，选中"图层1"图层，单击"图层"面板底部的"添加图层蒙版"按钮 ，为"图层1"图层添加蒙版效果。

 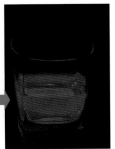

Step 09 复制图像应用蒙版

选中"图层1"图层,按下快捷键 Ctrl+J,复制图层,得到"图层1拷贝"图层,右击图层蒙版,在弹出的菜单中执行"应用图层蒙版"命令,应用图层蒙版。

Step 10 设置背景图像

在"图层1"图层下新建"图层3"图层,填充从R199、G199、B199到白色径向渐变效果。打开随书光盘中的素材\06\10.jpg素材图像,将打开的图像复制到抠出的杯子图像下方。更改图层混合模式为叠加。

Step 11 调整图像影调

按下Ctrl键单击"图层1拷贝"图层,载入选区,新建"亮度\对比度"调整图层,调整亮度和对比度,再新建"色阶"调整图层,输入色阶值为19、0.72、231,调整杯子的影调。

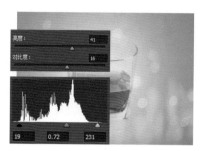

Step 12 设置"色彩平衡"选项

按下Ctrl键不放,单击"图层1拷贝"图层,载入选区,新建"色彩平衡"调整图层,打开"属性"面板,在面板中选择"中间调"选项,输入颜色值为+35、−17、−6,选择"高光"选项,输入颜色值为+6、0、−15,平衡中间调与高光颜色。

Step 13 调整颜色并盖印图层

新建"色彩平衡"调整图层,并在"属性"面板中设置颜色值为−46、0、+74,调整颜色,然后运用黑色画笔在不需要调整的杯子图像上涂抹,还原颜色,盖印杯子及上方的所有调整图层,得到"色彩平衡2(合并)"图层,翻转图像后添加图层蒙版,设置为倒影,最后添加上文字。

6.7 抠取商品的阴影

商品照片中出现的阴影能够让画面看起来更有立体感。在商品照片后期抠图过程中，不仅需要将主体商品对象抠出，为了让抠出的商品显得更为真实，往往还需要将商品旁边的阴影部分抠出。Photoshop中，运用图层蒙版可以准确地抠出阴影图像，使画面变得更为美观。

●应用要点 1——图层蒙版

图层蒙版也称为像素蒙版，它将不同的灰度值转化为不同的透明度，并作用于它所在的图层，使图层不同部分的透明度产生变化。在图层蒙版中，蒙版中的黑色为完全不透明，即遮盖区域；白色为完全透明，即显示区域；介于白色和黑色之间的灰色为半透明效果。

打开素材图像并复制"背景"图层，单击原"背景"图层前的"指示图层可见性"按钮，将"背景"图层隐藏，选中"背景拷贝"图层，单击"图层"面板中的"添加图层蒙版"按钮，添加图层蒙版。添加蒙版后，整个蒙版显示为白色，即完全显示图像。

●应用要点 2——用工具编辑蒙版

创建图层蒙版后，可以运用工具箱中的画笔工具、渐变工具等工具对蒙版做进一步的编辑。单击"图层"面板中的蒙版缩览图，设置前景色为黑色，运用"画笔工具"在商品旁边的背景区域涂抹，可以看到被涂抹区域的图像被隐藏起来。经过多次涂抹操作，可以将商品旁边的背景完全隐藏，此时可以用新的背景替换原背景。

示例 抠出阴影让画面更有立体感

● **难易指数** ★★★☆

● **技术要点** ● 使用"钢笔工具"抠出鞋子
　　　　　　 ● 创建图层蒙版抠取阴影

实例文件 素材\06\11.jpg
　　　　 源文件\06\抠出阴影让画面更有立体感.psd

Step 01 绘制路径

打开素材\06\11.jpg素材文件，选择工具箱中的"钢笔工具"，沿鞋子图像绘制封闭的工作路径。

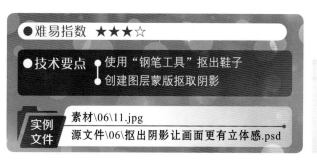

Step 02 将路径转换为选区

单击"路径"面板标签，切换至"路径"面板，在面板中单击"将路径作为选区载入"按钮 ，将绘制的路径转换为选区，选中画面中的鞋子对象。

Step 03 复制选区内的图像

按下快捷键Ctrl+J，复制图层，得到"图层1"图层，单击"图层"面板底部的"创建新图层"按钮 ，在"背景"图层上新建"图层2"图层，将该图层填充为白色。

Step04 设置"色彩范围"创建选区

隐藏"图层1"图层和"图层2"图层，选择"背景"图层，执行"选择>色彩范围"菜单命令，打开"色彩范围"对话框，在对话框中选择"中间调"选项，单击"确定"按钮，创建选区。

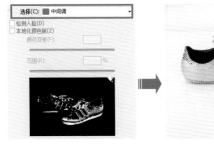 

Step05 调整图层顺序载入选区

按下快捷键Ctrl+J，复制选区内的图像，得到"图层3"图层，将此图层移至"图层2"图层上方，再按下Ctrl键不放，单击"图层3"图层缩览图，载入"图层3"选区。

技巧01 调整蒙版抠出细节

　　在对图像使用图层蒙版进行编辑时，常会发现抠取的图像边缘效果不理想。Photoshop为了解决这一问题，设置了一个"调整边缘"功能，使用该功能，可以对蒙版边缘做进一步的修整。在图层中添加蒙版后，单击"蒙版"面板中的"调整边缘"按钮，打开"蒙版边缘"对话框，在对话框中对蒙版边缘的平滑、羽化以及移动边缘等进行调整，可将蒙版边缘调整至需要的理想效果。

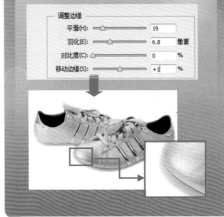

Step06 用画笔编辑图层蒙版

单击"添加图层蒙版"按钮，为"图层3"图层添加蒙版，显示"图层1"图层和"图层2"图层，单击"图层3"蒙版，选用黑色画笔在图像右上角涂抹，隐藏右上角多余图像。

Step 07 复制"背景"图层

选择"背景"图层,按下快捷键Ctrl+J,复制图层,得到"背景拷贝"图层,将复制的"背景拷贝"图层移至"图层1"图层下方。

Step 08 添加图层蒙版

按下Ctrl键不放,单击"图层1"图层,载入选区,选中"背景拷贝"图层,单击"图层"面板中的"添加图层蒙版"按钮▣,为"背景拷贝"图层添加蒙版,单击"图层1"图层前的"指示图层可见性"按钮,隐藏图层。

Step 09 用画笔编辑图层蒙版

设置前景色为白色,选择"画笔工具",在选项栏中设置"不透明度"为44%,运用白色画笔在鞋子下方的边缘位置涂抹,将隐藏的阴影重新显示出来。

技巧502 运用不同方式查看抠出商品

运用"调整边缘"功能调整蒙版边缘时,可以通过"调整边缘"对话框下方的"输出到"选项,查看抠出的图像。单击"输出到"选项右侧的下拉按钮,打开"输出到"下拉列表,在该列表中可看到软件提供的多种不同的输出方式,选择不同的方式并确认操作后,会根据选择的方式不同,以不同的方式查看到调整边缘的蒙版效果。

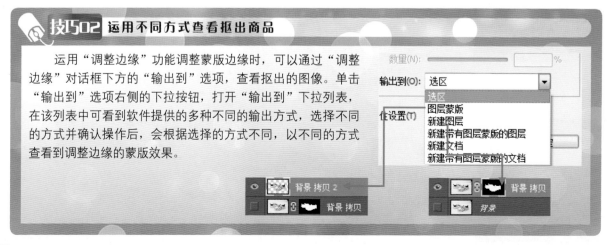

Chapter
细节处理
美化商品
07

　　商品照片后期处理过程中，对照片中各细节的调修显得非常重要，一些小小的细节美化就可以让我们拍摄的照片发生质的变化。利用Photoshop中锐化与模糊功能可以对照片的细节进行完善，弥补拍摄中由于环境或操作不当等因素造成的画面问题，打造出高品质的影像。在本章节中，会为大家讲解常用的模糊与锐化方法，使读者学到更多实用的商品照片处理技法。

本 章 重 点

- 商品层次的突出表现
- 修复镜头抖动产生的模糊
- 局部锐化图像
- 商品照片的快速模糊处理
- 模拟镜头模糊效果
- 设定逼真光圈模糊
- 用装饰元素丰富画面

7.1 商品层次的突出表现

商品照片的后期处理离不开细节的调整，通过对照片进行局部的加深或减淡能够轻松获得层次分明的画面。在Photoshop中可以运用加深\减淡工具对照片中阴影、中间调以及高光等各区域的图像进行快速的加深或减淡，从而达到增强对比、提升画面层次的目的。

专家提点 商品细节和层次的展现

在商品摄影中，柔和的光线利于表现商品细节，而较硬光线则可以使商品更有层次，为画面带来更强的视觉效果，因此拍摄者应针对不同的商品属性来营造合适的光影，不但可以突出商品的特点，而且能够得到更有层次的画面。

● 应用要点 1——加深工具

"加深工具"是基于用于调整照片特定区域的曝光度的传统摄影技术，可用于使用图像区域变亮或变暗。选择"加深工具"后，在图像上涂抹绘制，就会使涂抹绘制的区域中图像变得更暗，在某个区域上方涂抹的次数越多，图像就会变得越暗。打开一张拍摄的小商品图像，单击工具箱中的"加深工具"按钮 ，在选项栏中将"曝光度"设置为20%，运用画笔在商品所在位置涂抹绘制，经过反复绘制后，可以看到商品区域的对象变得更暗。

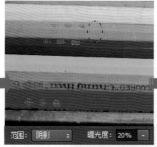

● 应用要点 2——减淡工具

"减淡工具"与"加深工具"作用刚好相反，使用"减淡工具"在图像上涂抹，可以使涂抹区域的图像变亮。如右图所示，打开照片后，单击工具箱中的"减淡工具"按钮 ，在选项栏中设置"曝光度"为30%，在照片中需要减淡的位置涂抹，提高涂抹区域的图像亮度。

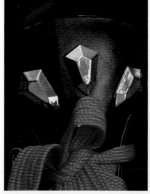
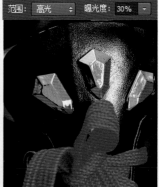

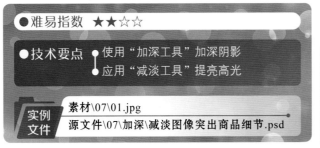

示例 加深\减淡图像突出商品细节

● 难易指数 ★★☆☆

● 技术要点 ┃ 使用"加深工具"加深阴影
         ┃ 应用"减淡工具"提亮高光

实例文件 ┃ 素材\07\01.jpg
        ┃ 源文件\07\加深\减淡图像突出商品细节.psd

Step **01** 设置"高反差保留"滤镜

打开素材\07\01.jpg素材文件，复制"背景"图层，得到"背景拷贝"图层，执行"滤镜>其他>高反差保留"菜单命令，打开"高反差保留"对话框，在对话框中输入"半径"为3.2，单击"确定"按钮，将"背景拷贝"图层混合模式设置为"叠加"，"不透明度"为80%。

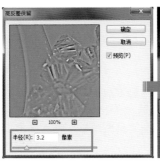

Step **02** 调整图像对比

单击"调整"面板中的"色阶"按钮，新建"色阶"调整图层，并在"属性"面板中输入色阶值为8、1.00、234，调整对比效果。

Step **03** 设置"自然饱和度"加深颜色

单击"调整"面板中的"自然饱和度"按钮，新建"自然饱和度"调整图层，打开"属性"面板，在面板中将"自然饱和度"滑块拖曳至+92位置，提高照片的色彩鲜艳度。

技巧01 指定加深\减淡范围

使用"加深工具"或"减淡工具"调整图像的明亮度时，可以通过选项栏中的"范围"选项，调整需要加深\减淡的图像范围。单击"范围"下拉按钮，在展开的下拉列表中可看到"中间调""高光"和"阴影"三个选项，默认选择"中间调"选项，此时涂抹对象时，会更改图像中灰色的中间色调；单击选择"高光"选项，在图像上涂抹会更改亮的高光区域；单击选择"阴影"选项，在图像上涂抹会更改暗的阴影部分。

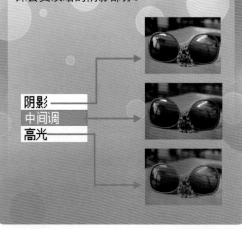

阴影
中间调
高光

技巧02 保护图像色彩

在对照片进行加深或减淡操作时，如果需要保留原图像的色调，需要勾选工具选项栏中的"保护色调"复选框。勾选该复选框以后，可以最小化阴影和进行高光中的修剪，并且还可以防止颜色发生色相偏移，在对图像进行加深或减淡的同时更好地保护原图像的色调。

Step 04 设置"色彩平衡"

新建"色彩平衡"调整图层，打开"属性"面板，在面板中选择"中间调"，输入颜色值为+17、0、-6。

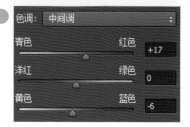

Step 05 加深阴影部分图像

按下快捷键Ctrl+Shift+Alt+E，盖印图层，得到"图层1"图层，选择工具箱中的"加深工具"，在选项栏中选择范围为"阴影"，"曝光度"为10%，在眼镜下方的深色部分涂抹。

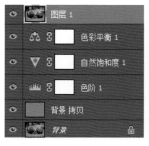

Step 06 减淡图像调整颜色

选择工具箱中的"减淡工具"，在显示的工具选项栏中设置范围为"高光"，"曝光度"为5%，在眼睛上方的亮部位置涂抹，减淡图像，新建"色彩平衡"调整图层，输入颜色值为-15、+12、+17，降低红色浓度。

7.2 修复镜头抖动产生的模糊

摄影中，导致照片模糊的原因有很多，其中最为常见的就是镜头抖动。如果数码相机不具备自动防抖功能，则很容易因为镜头抖动使画面跑焦，出现模糊的现象，在后期处理时，可以应用Photoshop提供的"防抖"滤镜进行锐化处理，还原出清晰的画面。

● 应用要点——"防抖"滤镜

"防抖"滤镜是Photoshop CC新增的一个智能锐化滤镜，它可以自动减少因为相机抖动而产生的图像模糊，如线性运动、旋转运动以及弧形运动等。全新的"防抖"滤镜并不是所有图像都适合，它仅仅适合于处理曝光均匀且杂色较低的照片，例如使用长焦镜头拍摄的图像、不开闪光灯的情况下用较慢的快门速度拍摄的室内静态图像等，这些照片都可以通过该滤镜对其进行锐化，减少相机抖动所产生的模糊效果

打开一张因为相机抖动而拍摄出来的商品照片，可以看到图像中显示出类似于动感模糊的效果，此时在图像商品边缘会显示出重影，执行"滤镜>锐化>防抖"菜单命令，打开如右图所示的"防抖"对话框，在对话框中结合"模糊评估工具"和"模糊方向工具"，以及各参数的设置，对照片进行特殊的锐化处理。

使用"防抖"滤镜进行编辑前，应先观察照片中抖动模糊最为明显的区域，并将其定义为模糊的评估区域，以便于Photoshop 更容易对其进行计算和处理，还原出清晰的图像。如左图所示，单击"防抖"对话框左上角的"模糊评估工具"按钮，使用此工具在预览窗口中模糊最明显的区域单击并拖曳，将其框选至虚线框中，框选图像后，可在右侧对"模糊描摹设置"选项组中的选项进行调整。

在"防抖"滤镜对话框中设定好模糊评估范围后，就需要对照片的模糊角度和模糊造成的重影长短进行设置。通过对模糊方向进行设定，才能让Photoshop根据设置的模糊轨迹对照片的模糊进行锐化处理。单击"防抖"对话框左上角的"模糊方向工具"按钮，然后使用该工具在设定的模糊评估范围内单击并拖曳，绘制出模糊的路径，并结合"模糊描摹长度"和"模糊描摹方向"选项实时查看绘制所产生的数据。"模糊描摹长度"选项对应图像中绘制的直线长度，而"模糊描摹方向"选项对应直线的角度。

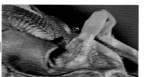

左图中，选用"模糊方向工具"在图像上单击并拖曳出一条模糊方向线，再根据图像的模糊程度，对"模糊描摹设置"选项组中的选项进行设置，输入"模糊描摹长度"为8.5，"模糊描摹方向"为35.5，输入后，在图像预览窗口中可看到经过锐化后，图像变得清晰了。

 锐化图像获得清晰的影像

● 难易指数 ★★★☆

● 技术要点 ● 使用"防抖"滤镜锐化图像
● "USM锐化"滤镜进一步锐化图像

实例
文件
素材\07\02.jpg
源文件\07\锐化图像获得清晰的影像.psd

Step 01 复制图像执行"防抖"滤镜

打开素材\07\02.jpg素材文件，在"图层"面板中复制"背景"图层，得到"背景拷贝"图层，执行"滤镜>锐化>防抖"菜单命令，打开"防抖"对话框。

Step 02 设置模糊描摹效果

单击"防抖"对话框中的"模糊评估工具"按钮，将鼠标移至画面中间的化妆品对象位置，单击并拖曳鼠标，绘制模糊评估选区，然后在左侧的"模糊描摹设置"下输入"模糊描摹边界"为**37**，设置后锐化图像。

Step 03 设置模糊描摹效果

单击"防抖"对话框中的"模糊评估工具"按钮，将鼠标移至画面左侧的化妆瓶位置拖曳鼠标，绘制模糊评估选区，然后在右侧的"模糊描摹设置"下输入"模糊描摹边界"为**37**，设置后单击"确定"按钮，锐化图像。

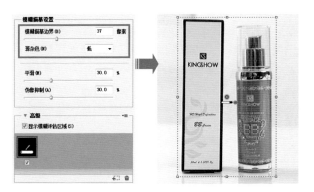

Step 04 用滤镜进一步锐化图像

选择"矩形选框工具"，在画面右侧的化妆瓶上方绘制选区，选取图像，按下快捷键**Ctrl+J**，复制选区内的图像，得到"图层2"图层，执行"滤镜>锐化>USM锐化"菜单命令，打开"USM锐化"对话框，在对话框中设置选项，单击"确定"按钮，进一步锐化图像。

Step 05 平衡中间调颜色

单击"调整"面板中的"色彩平衡"按钮，新建"色彩平衡"调整图层，并在"属性"面板中选择"中间调"选项，输入颜色值为−15、−22、+14，平衡照片颜色。

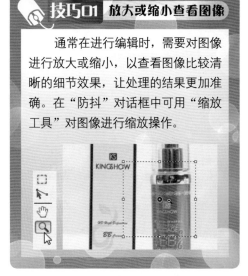

技巧501 放大或缩小查看图像

通常在进行编辑时，需要对图像进行放大或缩小，以查看图像比较清晰的细节效果，让处理的结果更加准确。在"防抖"对话框中可用"缩放工具"对图像进行缩放操作。

技巧502 更高级的商品锐化处理

"防抖"滤镜不仅适合于单个区域的图像锐化处理，它也适合于多个区域的锐化处理。当照片中不同区域具有不同形状的模糊时，如果需要还原到清晰的图像，就可以在图像中应用"模糊评估工具"和"模糊方向工具"创建多个模糊评估区，通过进一步对图像进行微调，让Photoshop来计算和考虑对多个区域应用不同的模糊描摹。使用"模糊评估工具"和"模糊方向工具"在预览窗口中创建多个模糊评估区以后，这些创建的模糊评估区会被罗列在"高级"选项下，用户可以单击某个模糊描摹，并在"细节"预览中将其放大显示。

在"高级"选项中，每个模糊描摹区域在预览窗口中都会有相应的模糊点进行显示，在对模糊描摹进行编辑时，"高级"选项中的模糊评估区域也会自动同步更新。如果需要创建新的模糊描摹，则可以单击"高级"选项下方的"添加建议的模糊描摹"按钮，即可自动创建一个带有模糊评估区域的模糊描摹。

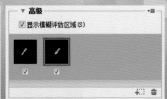

如果要删除创建的模糊描摹，只需选中要删除的模糊描摹后，单击高级选项下方的"删除模糊描摹"按钮，即可看到被选中的模糊评估区域被删除。

7.3 局部锐化图像

商品照片后期处理时，对照片进行锐化可以让画面变得更清晰。大多数情况下，对照片的锐化操作只需要在主体进行局部锐化操作。Photoshop中，可以运用"USM锐化"滤镜快速对照片进行锐化操作，使模糊的图像变得更清晰。同时，结合蒙版将不需要锐化的图像隐藏，可以使处理后的照片更有层次感。

●应用要点——"USM 锐化"滤镜

Photoshop中的"USM锐化"滤镜可以调整图像的对比度，使画面变得清晰。"USM锐化"滤镜提供了三个独立的锐化调整选项，可对图像进行精细的锐化处理。

打开一张清晰度不高的素材照片，执行"滤镜>锐化>USM锐化"菜单命令，打开如右图所示的"USM锐化"对话框。

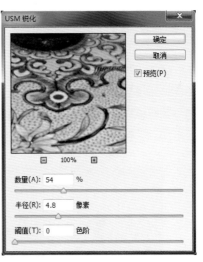

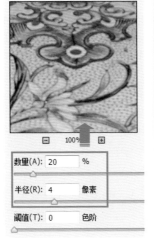

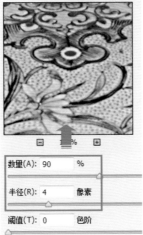

在打开的"USM锐化"对话框中结合"半径"和"数量"选项调整锐化的强度，其中"半径"选项用于控制边界每侧样本点数和光标宽度，数值大，锐化效果在整幅图像内相对较均匀，数值小，则只对反差较大的边缘进行锐化。当"半径"值一定时，"数量"就可以决定像素变亮或变暗的程度，数值越大，产生的对比越强，得到的图像就越清晰。如左图所示，设置"半径"为4，分别拖曳"数量"滑块拖曳至20和90时，可以在对话框上方的预览框中显示出应用滤镜后的不同效果。

示例 通过局部锐化突出包包纹理

- ● 难易指数 ★★☆☆

- ● 技术要点 ┃ "USM锐化"突出主体
  ┃ 设置蒙版控制锐化范围

实例文件 ┃ 素材\07\03.jpg
源文件\07\通道局部锐化突出包包纹理.psd

Step 01 复制图层

打开素材**\07\03.jpg**素材文件，在"图层"面板中复制
"背景"图层，得到"背景拷贝"图层。

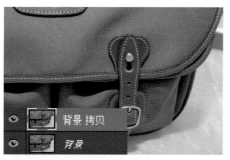

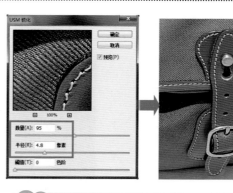

Step 02 设置"USM锐化"滤镜锐化图像

执行"滤镜>锐化>USM锐化"菜单命令，打开"USM
锐化"对话框，在对话框中输入"数量"为**95**，"半
径"为**4.8**，单击"确定"按钮，锐化图像。

Step 03 单击按钮添加蒙版

在"图层"面板中选中锐化后的"背景拷贝"图层，
单击"添加图层蒙版"按钮□，为"背景拷贝"图层
添加图层蒙版。

Step**04** 编辑图层蒙版

设置前景色为黑色，单击工具箱中的"渐变工具"按钮 █，在选项栏中选择"从前景色到透明渐变"，单击"径向渐变"按钮 █，勾选"反向"复选框，再单击"背景拷贝"图层蒙版，从图像中间位置向外拖曳渐变，还原边缘部分图像的清晰度，仅对中间部分的包包进行锐化。

Step**05** 用色阶提高对比

单击"调整"面板中的"色阶"按钮 █，新建一个"色阶"调整图层，打开"属性"面板，将黑色滑块拖曳至**7**位置，将灰色滑块拖曳至**0.94**位置，将白色滑块拖曳至**230**位置，经过设置，增强对比效果。

Step**06** 设置"色彩平衡"

单击"调整"面板中的"色彩平衡"按钮 █，新建一个"色彩平衡"调整图层，打开"属性"面板，在面板中选择"中间调"选项，然后输入颜色值为**−8**、**0**、**+5**，平衡中间调部分的图像颜色，还原自然的包包颜色。

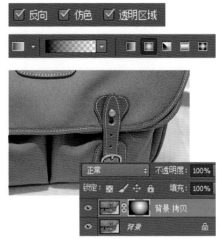

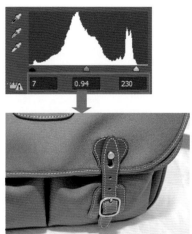

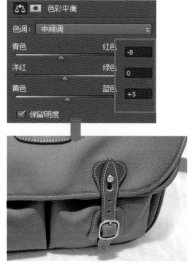

技巧 用渐变工具调整锐化范围

使用滤镜锐化图像时并非对整个图像都进行锐化，在大多数情况下，我们只需要对画面中的主体进行锐化即可。如果只对图像中局部区域进行锐化，就需要结合工具箱中的工具和图层蒙版编辑锐化的范围。为了让锐化的图像与不需要锐化的图像实现自然的过渡，最好的方法就是运用工具箱中"渐变工具"来编辑图层蒙版。单击蒙版缩览图后，选择"渐变工具"，然后在图像上拖曳，即可在蒙版上创建渐变效果，其中黑色部分为隐藏区域，灰色部分为半透明区域，白色部分则为显示区域。

7.4 商品照片的快速模糊处理

在拍摄商品时，往往会在要表现的主体对象旁边放置一些陪体，在后期处理时，可以应用"高斯模糊"滤镜对这些陪体进行模糊，以突出画面中的主体商品，也能使画面变得更有层次感。使用"高斯模糊"滤镜模糊图像时，可根据不同的图像自由调整其模糊程度。

●应用要点——"高斯模糊"滤镜

"高斯模糊"滤镜可根据数值快速地模糊图像，产生很好的朦胧效果，它的工作原理是根据高斯曲线调整像素色值，有选择地模糊图像。

打开一幅图像，运用选框工具选取需要模糊的图像，执行"滤镜>模糊>高斯模糊"菜单命令，打开"高斯模糊"对话框，在对话框中设置"半径"选项，单击"确定"按钮，就可以应用输入数值，模糊选区中的图像。

●示例 虚实结合呈现更多商品细节

●难易指数 ★★☆☆

●技术要点 ┃ "高斯模糊"滤镜模糊图像
┃ "USM锐化"滤镜突出主体

实例文件 素材\07\04.jpg
源文件\07\虚实结合呈现更多商品细节.psd

Step **01** 调整色阶增强对比

打开素材\07\04.jpg素材文件，按下快捷键Ctrl+Alt+2，载入高光选区，单击"调整"面板中的"色阶"按钮，新建一个"色阶"调整图层，打开"属性"面板，在面板中将黑色滑块拖曳至102位置，降低选区内的图像亮度。

Step **02** 设置"高斯模糊"滤镜模糊图像

按下快捷键Ctrl+Shift+Alt+E，盖印图层，得到"图层1"图层，执行"滤镜>模糊>高斯模糊"菜单命令，打开"高斯模糊"对话框，在对话框中输入"半径"为6.8，单击"确定"按钮，根据设置的参数值，模糊图像，再按下快捷键Ctrl+F，再一次模糊图像。

Step **03** 用工具编辑图层蒙版

选中"图层1"图层，单击"图层"面板中的"添加图层蒙版"按钮，为"图层1"图层添加蒙版，选择"渐变工具"，从图像中间位置向边缘位置拖曳径向渐变，再选择"画笔工具"，设置前景色为黑色，在照片中的商品图像位置涂抹，还原清晰的图像。

Step **04** 选区的载入

按下快捷键Ctrl+Shift+Alt+E，盖印图层，在"图层"面板中得到"图层2"图层，按下Ctrl键不放，单击"图层"面板中的"图层1"蒙版缩览图，将蒙版作为选区载入，选中"图层2"图层，执行"选择>反向"菜单命令，反选选区。

技巧 重复滤镜加强景深

应用滤镜锐化图像时，如果锐化后的图像效果不明显，那么可以在图像中重复应用该滤镜。选择要再次应用滤镜的图层对象后，按下快捷键Ctrl+F，即可再次应用相同的滤镜选项，对图像进行锐化，如果需要重新调整参数并锐化，则可以按下快捷键Ctrl+Alt+F，打开"相应"的滤镜对话框，在对话框中设置参数后，单击"确定"按钮，应用滤镜编辑图像。

Step 05 复制选区内的图像

在"图层"面板中选中"图层2"图层，按下快捷键Ctrl+J，复制选区内的图像，将画面中的商品对象抠取出来。

Step 06 设置"USM 滤镜"锐化图像

执行"滤镜>锐化>USM锐化"菜单命令，打开"USM锐化"对话框，在对话框中输入"数量"为55，"半径"为4.0，设置后单击"确定"按钮，锐化商品部分。

Step 07 设置"色阶"增强对比

单击"调整"面板中的"色阶"按钮，新建"色阶"调整图层，并在"属性"面板中将灰色滑块拖曳至0.89位置，降低中间调部分的图像的亮度。

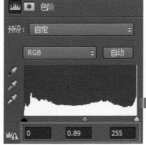

7.5 模拟镜头模糊效果

对商品进行拍摄时，可以借助一些相机镜头创建特殊的模糊效果。在商品照片后期处理过程中，可以应用"镜头模糊"滤镜对清晰的照片进行模糊处理，模拟出各类不同形状的镜头模糊效果。此外，在"镜头模糊"滤镜下，可以对指定蒙版应用镜头模糊效果，使得到的图像效果与相机镜头拍摄出的效果更接近。

● 应用要点——"镜头模糊"滤镜

"镜头模糊"滤镜可以向图像添加模糊以产生更窄的景深效果，以便使图像中的一些对象在焦点内，而使焦点外的区域变得模糊。使用"镜头模糊"滤镜模糊图像时，可以对模糊对象的光圈形状先做调整，再根据选择的光圈类型，对图像模糊的强度进行更改，从而获得理想的模糊图像效果。

打开一张商品照片，执行"滤镜>模糊>镜头模糊"菜单命令，可打开"镜头模糊"对话框，对话框右侧单击"形状"下拉按钮，在展开的下拉列表中选择模糊的形状，然后根据需要模糊的效果，调整下方的各项参数，设置好以后单击"确定"按钮，就可以对打开的图像进行模糊处理。

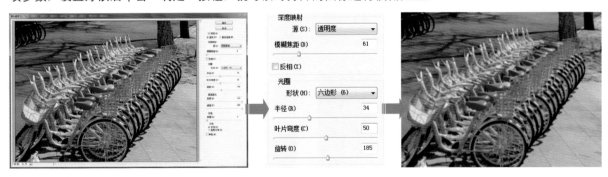

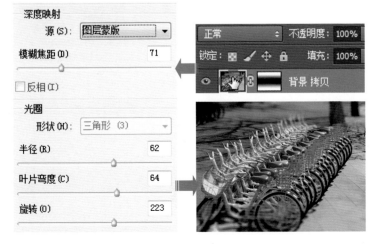

"镜头模糊"滤镜不但可以用于全图的模糊处理，也可对于蒙版中的图像进行模糊处理。如左图所示，打开图像后，复制图像，然后为复制的图层添加图层蒙版，执行"滤镜>模糊>镜头模糊"菜单命令，打开"镜头模糊"对话框，在"源"下拉列表中选择"图层蒙版"选项，单击"确定"按钮，返回图像窗口，可以看到仅对蒙版中显示的图像应用了模糊滤镜。

示例 模糊图像添加逼真的景深效果

● 难易指数 ★★☆☆

● 技术要点 ┤ 利用"快速蒙版"选取图像
　　　　　　└ 设置"镜头模糊"滤镜模糊图像

实例文件
素材\07\05.jpg
源文件\07\模糊图像添加逼真的景深效果.psd

Step 01 在快速蒙版中编辑图像

打开素材\07\05.jpg素材文件，在"图层"面板中选择"背景"图层，复制该图层，得到"背景拷贝"图层，单击工具箱中的"以快速蒙版模式编辑"按钮，进入快速蒙版编辑状态，选择"渐变工具"，单击"对称渐变"按钮，从图像中间向下方拖曳渐变效果。

Step 02 退出蒙版创建选区

当拖曳至一定位置后，释放鼠标，并显示应用"渐变工具"编辑后的图像，单击工具箱中的"以标准模式编辑"按钮或按下键盘中的Q键，退出快速蒙版编辑状态，并在图像中创建选区。

技巧 调整蒙版选项控制模糊效果

　　使用"快速蒙版"编辑图像时，可以对快速蒙版进行色彩和指示范围的调整。双击工具箱中的"以快速蒙版模式编辑"按钮，将打开"快速蒙版选项"对话框，在对话框中单击"色彩指示"下方的单选按钮，指定在使用快速蒙版时蒙版色彩的指示范围，在"颜色"下方单击颜色块，可打开"拾色器（快速蒙版颜色）"对话框，在对话框中可设置蒙版的颜色。

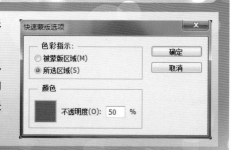

Step 03 在蒙版中绘制选区

按下Alt键不放，单击"背景拷贝"图层蒙版缩览图，显示蒙版，选择工具箱中的"矩形选框工具"，单击选项栏中的"添加到选区"按钮，在图像顶部和底部单击并拖曳，绘制选区。

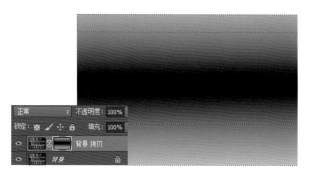

Step 04 羽化创建的选区

执行"选择>修改>羽化"菜单命令，打开"羽化选区"对话框，在对话框中输入"羽化半径"为150，设置后单击"确定"按钮，羽化创建的矩形选区。

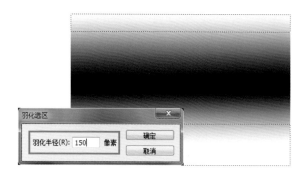

Step 05 设置并模糊图像

单击"图层"面板中的"背景拷贝"图层缩览图，执行"滤镜>模糊>镜头模糊"菜单命令，打开"镜头模糊"对话框，在对话框中选择源为"图层蒙版"，然后调整下方的模糊选项，设置后单击"确定"按钮。

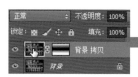

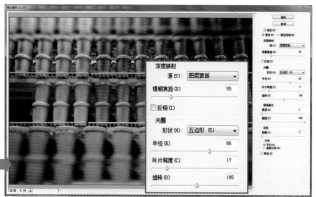

Step 06 更改图层混合模式

按下快捷键Ctrl+Shift+Alt+E，盖印图层，在"图层"面板中得到"图层1"图层，选中"图层1"图层，将此图层的混合模式更改为"柔光"，增强对比效果。

7.6 设定逼真光圈模糊

在拍摄商品时，对数码相机设置不同的光圈值，可以获得不同景深效果的图像。对于拍摄到的清晰的图像，在后期处理时，为了突出画面中的主体商品，也可以使用Photoshop中的"光圈模糊"滤镜设置模糊的焦点以及模糊范围，模拟出更自然的大光圈拍摄效果。

专家提点 用大光圈虚化背景

在繁杂的背景中要表现单一商品主体时，通常需要选择使用大光圈将背景虚化处理，以突出被摄的主体对象。除此之外，使用大光圈拍摄还能避免出现过于杂乱的背景，使画面更简洁、干净。

●应用要点——"光圈模糊"滤镜

"光圈模糊"滤镜是Photoshop CC中的一个全新的滤镜功能，顾名思义就是用类似于相机的镜头来对画面进行对焦，焦点周围的图像会根据设置进行相应的模糊处理，从而模拟出大光圈大镜头拍摄的虚化效果。执行"滤镜>模糊>光圈模糊"菜单命令，打开模糊画廊，在图像预览区域会看到图像的中心位置显示出一个小圆环境，它主要用于确定图像的焦点位置，用户可以根据具体情况，调整其位置。同时，也可以拖曳外侧圆形的形状和大小，确认要模糊的图像范围。

使用"光圈模糊"滤镜模糊图像时，不但可以对模糊范围和模糊强度进行调整，还可以利用模糊画廊下的"模糊效果"面板为模糊的图像添加逼真的光斑效果。如右图所示，将"模糊"设置为25像素，然后在"模糊效果"面板中勾选"散景"复选框，设置"光源散景"为62%，"散景颜色"为74%，"光照范围"分别为197、198，设置后在图像预览窗口可查看到添加光斑后的效果。

示例 用"光圈模糊"滤镜模糊图像突出主体

●**难易指数** ★★☆☆

●**技术要点** │ 设置"光圈模糊"滤镜模糊图像
│ 调整"色阶"增强对比

**实例
文件**
素材\07\06.jpg
源文件\07\用"光圈模糊"滤镜模糊图像突出主体.psd

Step 01 执行命令打开模糊画廊

打开素材**\07\06.jpg**素材文件，复制"背景"
图层，得到"背景拷贝"图层，执行"滤镜>
模糊>光圈模糊"菜单命令，打开模糊画廊。

Step 02 调整模糊的范围

单击选中图像预览窗口中的椭圆中点位置，并拖曳鼠
标，将模糊的焦点移至画面的右下角位置，再将鼠标移
至椭圆的右侧边框线位置，当光标转换为折线箭头时，
单击并拖曳鼠标，旋转其角度。

Step 03 设置选项模糊图像

在模糊画廊左侧的"模糊工具"面板中将"模糊"滑块拖曳至**16**像素的位置，设置后可以看到光圈以外的图像变得模糊，单击右上角的"确定"按钮。

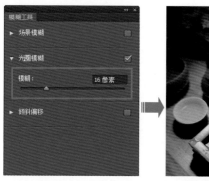

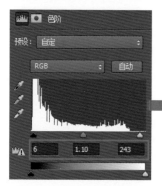

Step 04 设置"色彩平衡"加深红色

单击"调整"面板中的"色彩平衡"按钮，新建"色彩平衡"调整图层，并在"属性"面板中选择"中间调"选项，输入颜色值为+44、-1、-18，平衡画面色彩，加深红色。

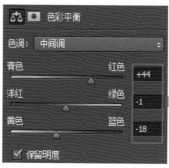

Step 05 设置"色阶"调整对比

新建"色阶"调整图层，打开"属性"面板，在面板中输入色阶值为6、1.10、243，调整图像增强对比效果。

技巧 01 调整模糊的范围

在模糊画廊中，将鼠标置于圆环上的白色小圆，当光标转换为折线箭头时，单击并拖曳，可以更改圆环的角度，调整模糊的图像范围。

技巧 02 多区域的模糊处理

应用"光圈模糊"滤镜对图像进行模糊处理时，除了可以对画面中同一区域中的图像进行不同程度的模糊外，还可以选择不同的焦点，创建多个区域的模糊设置。在已有焦点的图像中，运用鼠标在画面中需要添加焦点的位置单击，就可以创建另一个模糊的中心点。此时，用户可以设置新的参数，调整图像的模糊效果。

7.7 用装饰元素丰富画面

将商品色彩、清晰度处理好以后，为了更好地向消费者介绍产品的特征及用途等，接下来可以在照片中添加一些简单图形和文字说明信息。在Photoshop中，运用"自定形状工具"可以为图像添加各种自定义的图案，运用文字工具可以在画面中进行文字的添加。

●应用要点 1——自定形状工具

"自定形状工具"提供了多种图形供用户选择，也可以从外界载入图形。选择"自定形状工具"后，在选项栏中选择"图形"绘制模式以及所绘制图像的填充颜色及描边颜色等。

打开素材图像，单击工具箱中的"自定形状工具"按钮，单击"形状"右侧的下拉按钮，在展开的面板中单击选择"会话2"形状，然后在画面中单击并拖曳，就可以绘制出简单的图形效果。

●应用要点 2——文字工具

为了增加宣传效果，往往需要在商品照片中添加合适的文字。通过丰富多样的文字更有利于消费者了解商品所要表现的重要信息和主旨。Photoshop中提供了强大的文字编辑功能，能够制作出各类艺术化的文字效果。文字工具包括了"横排文字工具""直排文字工具""横排文字蒙版工具""直排文字蒙版工具"，使用这些文字工具并结合"字符""段落"面板，对文字进行编辑，可以让输入的文字更加多元化。

如左图所示，单击工具箱中的"横排文字工具"按钮，在图像中单击并输入文字，并根据版面需要，在"字符"面板中对文字的大小和颜色进行设置，可看到添加文字后，整个作品的表现力更为强烈。

示例 添加文字丰富商品信息

● 难易指数 ★★★☆

● 技术要点 ┃ 用"矩形工具"绘制边框
　　　　　　┃ 使用"横排文字工具"添加文字

实例文件 素材\07\07.jpg
源文件\07\添加文字丰富商品信息.psd

Step01 绘制路径选择图像

打开素材\07\07.jpg素材文件，单击"钢笔工具"按钮，沿照片中的鞋子边缘绘制工作路径，按下快捷键Ctrl+Enter，将绘制的路径转换为选区。

Step02 设置"色阶"加强对比

执行"选择>反向"菜单命令，或按下快捷键Ctrl+Shift+I，反选选区，单击"调整"面板中的"色阶"按钮，新建"色阶"调整图层，打开"属性"面板，在面板中输入色阶值为0、1.20、239，提亮选区内的图像。

Step03 调整明暗和色彩

新建"自然饱和度"调整图层，输入"自然饱和度"为+47，提高饱和度，再新建"色阶"调整图层，输入色阶值为0、1.29、255，提高中间调部分的图像亮度。

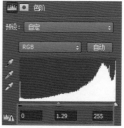

Step **04** 绘制矩形图形

选择工具箱中的"矩形工具"，在选项栏中设置绘制模式为"形状"，再调整填充颜色和描边颜色，沿照片边缘单击并拖曳，绘制一个比原图像稍大一点的矩形，再单击"路径操作"按钮，在打开的列表中单击"减去顶层形状"选项，继续在绘制的矩形内部单击并拖曳鼠标，绘制矩形，得到矩形边框效果。

Step **05** 绘制自定义图形

单击工具箱中的"自定形状工具"按钮，然后在选项栏中的"形状"拾色器下单击选择"回形针"形状，并在图像右上角单击并拖曳鼠标，绘制图案，按下快捷键Ctrl+T，旋转绘制的图案。

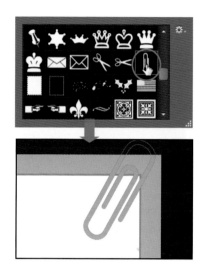

Step **06** 设置图层样式

为"形状1"图层添加图层蒙版，设置前景色为黑色，在多余图形位置单击，隐藏图像，双击"形状1"图层，打开"图层样式"对话框，在对话框中勾选"投影"样式，再设置选项，为图形添加投影。

Step **07** 设置并应用样式

继续在"图层样式"对话框中进行选项的设置，勾选"斜面和浮雕"样式，然后在对话框右侧对斜面和浮雕的选项进行设置，设置后单击"确定"按钮，关闭"图层样式"对话框，应用设置的样式处理图像。

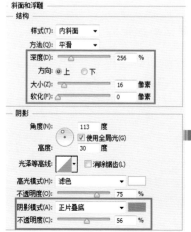
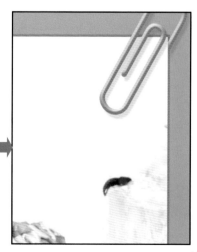

Step 08 设置选项输入文字

选择工具箱中的"横排文字工具"，执行"窗口>字符"菜单命令，打开"字符"面板，在"字符"面板中对文字属性进行设置，然后在图像左下角单击并输入合适的文字信息。

Step 09 更改文字颜色

选择"横排文字工具"，在输入的文字上单击并拖曳，将文字"妙"选中并反向显示，打开"字符"面板，单击颜色块，在打开的"拾色器（文本颜色）"对话框中，将文字颜色设置为R169、G42、B53，单击"确定"按钮，返回"字符"面板，更改文本颜色，并在图像窗口中查看设置后的效果。

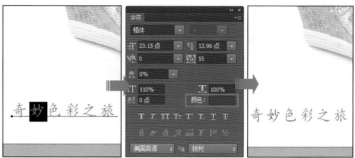

Step 10 输入文字绘制图案

继续使用"横排文字工具"对其他的文字进行调整，并输入更多的文字效果，设置前景色为R248、G143、B90，再选择"自定形状工具"，单击"形状"拾色器中的"会话12"形状，在文字下方绘制图形。

技巧 用"字符"面板调整商品中的文字信息

　　运用文字工具在图像中输入文字以后，通常需要应用"字符"面板对输入的文字的大小和颜色等选项进行设置。执行"窗口>字符"菜单命令，打开"字符"面板，在面板中显示了字体、样式、大小、间距等信息。如果需要对单个文字或字母进行调整，首先要使用文字工具在输入的文字上单击并拖曳，选中要更改的文字，选中后的文字为反向显示状态，然后在"字符"面板中进行设置，设置后就会根据设置的选项编辑选中的文字。

Chapter 08

精品服装

服饰着装可以体现出一个人的气质与品位，在对服饰照片处理过程中，不仅仅可以对服饰进行色彩的调整，同时也需要对穿着服饰的人物进行简单的编辑，去除照片中的瑕疵，让画面变得干净的同时，也能更好地展现服饰的材质特点。在本章中，会为读者讲解服饰照片的处理方法，根据不同的照片选择合适的工具或命令，对拍摄的服饰图像进行处理，更完美地呈现精品服装。

本章重点

- 糖果色毛衣更显日韩森女风
- 复古风格的紧身牛仔裤
- 修身雪纺裙彰显气质
- 低调奢华的漂亮礼服
- 时尚与可爱并存的童装表现

8.1 糖果色毛衣更显日韩森女风

日韩系服装要求呈现的是一种不同于欧美系的明亮感，因此在后期处理时，需要对画面的明暗进行精细的处理，通过分别选择画面中的背景和模特图像，应用"曲线"和"色阶"命令对这些部分设置不同的参数，调整画面的对比，更加突出清新的日韩系风格。

专家提点 减弱服饰上面的褶皱阴影

如果阳光非常充足，当光线属于直射状态时，衣服上的褶痕等光线照射不到的地方会显得过暗，此时利用反光板，可以减弱阴影，让拍摄的服饰受光更均匀，更有层次感。

示例 糖果色毛衣更显日韩森女风

●难易指数 ★★★☆

●技术要点 ● 利用蒙版分别调整人物和背景
● 添加晕影突出人物
● 盖印图层调整照片整体

实例文件	素材\08\01.jpg
	源文件\08\糖果色毛衣更显日韩森女风.psd

Step 01 添加图层蒙版

打开素材\08\01.jpg素材文件，运用"裁剪工具"适当裁剪图像，再选择背景图层，按下快捷键Ctrl+J，复制得到"图层1"图层，单击面板下方的"添加图层蒙版"按钮，为图层1添加图层蒙版。

Step 02 调整背景明暗对比

选择"图层1"图层，设置前景色为黑色，选择"画笔工具"在人物部分涂抹，按下快捷键Ctrl+L打开"色阶"调整对话框，分别拖曳滑块至13、1.00、235，调整背景的明暗对比度。

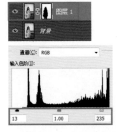

Step **03** 载入选区提亮画面

按下**Ctrl**键不放，单击"图层1"蒙版缩览图，载入选区，执行"选择>反向"菜单命令，反选选区，创建"曲线"调整图层，并在"属性"面板中对曲线进行调整，提亮选区内的人物图像。

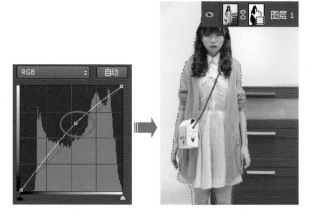

Step **04** 创建选区设置晕影

选择"矩形选框工具"，设置羽化值为200像素，沿照片边缘单击并拖曳鼠标，绘制选区，执行"选择>反向"菜单命令，反选选区，创建"曲线"调整图层，并在"属性"面板中向下拖曳曲线，为图像添加晕影效果。

Step **05** 调整画面对比效果

盖印可见图层，创建"色阶"调整图层，在"属性"面板中设置参数为**24**、**1.00**、**235**，调整画面的整体对比度。

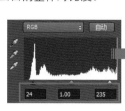

技巧 保护商品细节不丢失

运用"色阶"命令调整照片的明暗时，通常只需要对照片中的一部分图像进行调整，而使用调整图层调整影像时，默认情况下会对整个图像产生影响，此时为了保护画面中高光部分的图像不受影响，只需要选择工具箱中的"画笔工具"，并将前景色设置为黑色，在不需要提亮的高光部分涂抹即可。

Step **06** 对人物腿部皮肤进行修饰

选用"磁性套索工具"选取腿部皮肤，创建"色阶"调整图层，提亮偏暗的肌肤，最后结合"文字工具"和形状绘制工具为处理后的照片添加文字，制作出丰富的画面效果。

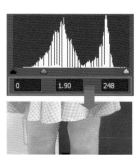

8.2 复古风格的紧身牛仔裤

精美诱人的宝贝图片是卖家博取消费者青睐的法宝,在拍摄裤子时,不仅需要表现裤子的细节,更要让消费者知道裤子的上身效果。下面的实例即通过对拍摄的牛仔裤照片进行后期的调整,把画面中不需要主要表现的对象裁剪后,再对图像进行提亮,让牛仔裤与背景图像的对比更加强烈,从而突出了主体商品,最后进行简单的图案修饰,使得整个作品既美观又富有设计感。

 复古风格的紧身牛仔裤

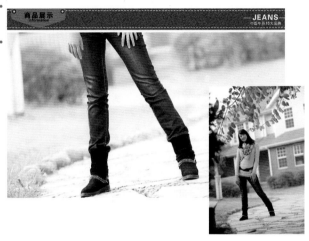

● 难易指数 ★★☆☆

● 技术要点
"曲线"命令增加图片光感
"自由变换"打造修长美腿
剪贴蒙版突出材质纹理

实例
文件
素材\08\02、03.jpg
源文件\08\复古风格的紧身牛仔裤.psd

Step 01 调整构图突出主体

打开素材\08\02.jpg素材文件,选择背景图层,按下快捷键Ctrl+J,复制得到"图层1"图层,选择工具箱中的"裁剪工具"对照片进行裁剪,调整照片的构图。

Step 02 调整照片整体亮度

选择"图层1"图层,执行"图像>调整>曲线"菜单命令,打开"曲线"对话框,在对话框中运用鼠标单击并向上拖曳曲线,调整照片的整体亮度。

Step 03 提高色彩饱和度

选择"图层1"图层并复制，得到"图层1拷贝"图层，执行"图像>调整>色相\饱和度"菜单命令，设置"饱和度"为+30，选择工具箱中的"橡皮擦工具"，在选项栏中调整选项，在人物部分涂抹，擦除人物。

Step 04 增强照片明亮光感

按下快捷键Shift+Ctrl+Alt+E盖印可见图层，得到"图层2"图层，按下快捷键Ctrl+M打开曲线调整对话框，添加控制点拖曳鼠标提亮画面，得到比较明亮的画面效果。

Step 05 自由变换打造修长美腿

选择"图层2"图层，在工具箱中选择"矩形选框工具"，在人物的腿部框选，按下快捷键Ctrl+T自由变换往下拖曳，得到修长的腿型。

Step 06 调整亮度对比度

单击"调整"面板中的"亮度\对比度"按钮，新建"亮度\对比度1"调整图层，打开"属性"面板，在面板中设置"亮度"为27，"对比度"为20，进一步提亮图像，增强对比效果。

Step 07 调整颜色饱和度

新建"色相\饱和度1"调整图层，在"属性"面板中选择"青色"，输入"色相"为+3，"饱和度"为+50，"明度"为+3，选择"蓝色"，输入"色相"为+7，"饱和度"为+39，"明度"为−33，调整图像，增强裤子的色彩饱和度。

Step 08 绘制重叠的矩形

选用"矩形工具"在图像顶部绘制一个白色矩形，然后在绘制的白色矩形上方再绘制一个黑色矩形。

Step 09 复制图像

打开素材\08\03.jpg素材文件，把打开的图像复制到人物图像上，得到"图层3"图层，将图像调整至合适大小。

Step 10 创建剪贴蒙版

在"图层"面板中选中"图层3"图层，执行"图层>创建剪贴蒙版"命令，创建剪贴蒙版，隐藏黑色矩形外的牛仔布纹理。

Step 11 复制图像调整位置

复制"图层3"图层，得到"图层3拷贝"图层，创建剪贴蒙版，把"图层3拷贝"图层中的图像移至黑色矩形的另一侧。

Step 12 设置"色彩平衡"

按下Ctrl键不放，单击"矩形2"图层缩览图，载入选区，新建"色彩平衡1"调整图层，并在"属性"面板中输入颜色值分别为−68、−9、+42。

Step 13 绘制虚线效果

选择"矩形工具"，在选顶栏中设置"填充"为"无"，描边颜色为白色，描边粗细为1.3点，类型为虚线，然后在蓝色的牛仔布纹理上绘制虚线效果。

Step 14 绘制图案添加样式

选择"钢笔工具"，在图像顶端绘制图形，执行"图层>图层样式>斜面和浮雕"菜单命令，在打开的"图层样式"对话框中设置"斜面和浮雕""纹理"样式，为图案添加纹理，继续使用同样的方法绘制图案添加样式后，输入简单的文字。

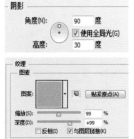

8.3 修身雪纺裙彰显气质

　　雪纺衣服具有手感柔爽、纹样清新雅洁等特点，因此，在对此类服饰照片进行处理时，首先需要对穿着雪纺裙的模特进行处理，利用图像修复类工具去除模特皮肤上的瑕疵，再对照片的整体色调进行调整，应用"可选颜色"和"色相\饱和度"命令，分别对指定的颜色百分比进行设置，增强局部色彩，并提升画面的色彩饱和度，展现更有气质的修身雪纺裙。

示例 修身雪纺裙彰显气质

● 难易指数 ★★★☆

● 技术要点
"污点修复画笔工具"去除瑕疵
利用蒙版处理背景
"可选颜色"增强颜色比

实例文件
素材\08\04.jpg
源文件\08\修身雪纺裙彰显气质.psd

Step 01 设置滤镜模糊图像

打开素材\08\04.jpg素材文件，复制"背景"图层，执行"滤镜>模糊>表面模糊"菜单命令，在打开的对话框中设置"半径"为8，"阈值"为5，模糊图像。

半径(R)：8　像素

阈值(T)：5　色阶

Step 02 编辑图层蒙版

选择"背景拷贝"图层，添加图层蒙版，设置前景色为黑色，单击蒙版缩览图，按下快捷键**Alt+Delete**，将蒙版填充为黑色，选用白色画笔在人物面部皮肤位置涂抹，得到光滑的肌肤效果。

背景 拷贝

背景

Step 03 修复面部瑕疵

运用"污点修复画笔工具"，运用此工具在脸部皮肤的痘痘位置单击，去除脸上明显的痘痘瑕疵。

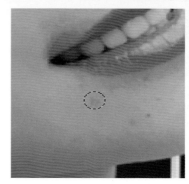

Step 04 单击取样颜色

在"背景拷贝"图层上方新建"图层1"图层，运用"吸管工具"在干净的皮肤位置单击，取样颜色。

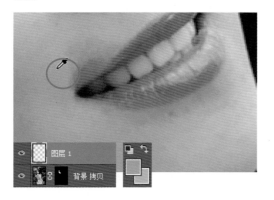

Step 05 涂抹绘制图像

选择"画笔工具"，在选项栏将"不透明度"设置为12%，然后在脸部不均匀的皮肤上涂抹，通过反复的吸样涂抹，让面部皮肤颜色更加自然、水润。

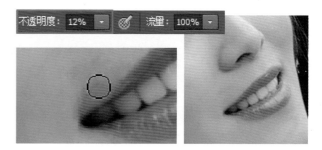

Step 06 设置"色阶"提亮选区

使用"磁性套索工具"沿裙子单击并拖曳鼠标，创建选区，新建"色阶1"调整图层，并在"属性"面板中输入参数值为0、1.33、255，提亮裙子图像。

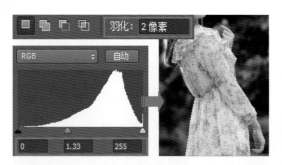

Step 07 设置"曲线"变换色彩

新建"曲线1"调整图层，打开"属性"面板，在面板中分别选择"RGB"和"蓝"选项，运用鼠标拖曳曲线，调整各通道中的图像亮度，再选择"画笔工具"设置前景色为黑色，在面部及头以外的区域涂抹，还原涂抹区域的图像色彩。

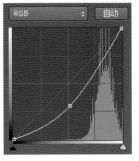

Step 08 用 "曲线" 调整选区亮度

按下快捷键Ctrl+Alt+E，载入选区，新建 "曲线2" 调整图层，打开 "属性" 面板，运用鼠标单击并向下拖曳，降低选区内的图像亮度，再选用黑色画笔在人物旁边的背景图像上涂抹，还原背景图像的亮度。

Step 10 设置 "曲线" 更改色调

按下Ctrl键不放，单击 "色阶1" 图层蒙版，载入选区，在 "图层" 面板最上方新建 "曲线3" 调整图层，并在 "属性" 面板中对 "RGB" 和 "蓝" 通道曲线进行设置，根据设置的曲线调整选区内的背景颜色。

Step 09 载入并反选选区

按下Ctrl键不放，在 "图层" 面板中，单击 "色阶1" 蒙版缩览图，将蒙版作为选区载入，执行 "选择 > 反向" 菜单命令，反选选区。

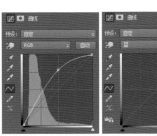

Step 11 调整 "可选颜色"

按下Ctrl键不放，单击 "曲线3" 图层蒙版，载入选区，创建 "选取颜色1" 调整图层，打开 "属性" 面板，在面板中选择 "中性色" 选项，输入颜色比为+33、−36、−21、−12，将背景调整为唯美的蓝绿色调，最后在图像右上角输入文字即完成照片的处理。

8.4 低调奢华的漂亮礼服

参加各类晚会、酒会，自然免不了一款漂亮的礼服搭配。在处理礼服照片时，可以先将要表现的礼服商品抠取出来，再对抠出的图像颜色进行调整，还原偏色的服饰，通过调整明暗让礼服变得更明亮，从而展现低调华丽的礼服效果。

专家提点 利用背景布让拍摄出的画面更整洁

挂拍是服饰拍摄常用的拍摄方式之一，挂拍前需要对拍摄的背景进行布置，干净整洁的背景布和背景纸会是最佳的选择，而且要尽量选择不反光、防皱、材质细腻、厚实的背景布或背景纸。

示例 低调奢华的漂亮礼服

● 难易指数 ★★☆☆

● 技术要点
- "钢笔工具"抠出礼服对象
- "套索工具"快速选择图像
- 调整"色相\饱和度"变换色彩

实例文件
素材\08\05、06.jpg
源文件\08\低调奢华的漂亮礼服.psd

Step01 用"钢笔工具"抠出图像

打开素材\08\05.jpg素材文件，使用"钢笔工具"沿礼服图像绘制路径，右击绘制的工作路径，在弹出的快捷菜单中执行"建立选区"命令，在打开的"建立选区"对话框中输入"羽化半径"为1，执行"选择>修改>收缩"菜单命令，在"收缩选区"对话框中输入"收缩量"为2，单击"确定"按钮，收缩选区，复制选区内的图像，抠出礼服。

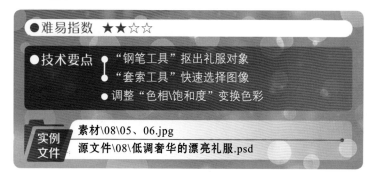

Step 02 设置"内发光"样式

执行"图层>图层样式>内发光"菜单命令，打开"图层样式"对话框，在对话框中选择"内发光"样式，设置混合模式为"柔光"，"不透明度"为43，颜色分别为R242、G228、B214，"大小"为65，设置后单击"确定"按钮，为抠出的礼服添加发光效果。

Step 03 调整"色相\饱和度"

把礼服对象移至最上方位置，按下Ctrl键不放，单击"图层1"图层，载入礼服选区，新建"色相\饱和度1"调整图层，在"属性"面板中对"红色"和"黄色"选项进行设置，变换礼服颜色。

Step 04 调整"高光"亮度

选择"图层1"图层，执行"选择>色彩范围"菜单命令，在打开的"色彩范围"对话框中选取"高光"选项，创建选区，新建"曲线1"调整图层，并在"属性"面板中单击并拖曳曲线，降低高光部分的图像亮度。

Step 05 调整选区色彩和明暗

选择"套索工具"，在选项栏中设置"羽化"值为150像素，在礼服的左侧较暗的图像位置创建选区，新建"色相\饱和度2"和"曲线2"调整图层，调整选区内的图像的色彩和明暗。

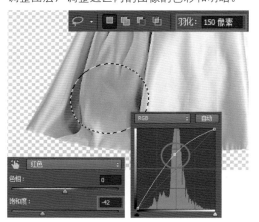

Step 06 设置"曲线"调整

按下Ctrl键不放，单击"图层1"图层，新建"曲线"调整图层，在打开的"属性"面板中分别对RGB和蓝色通道曲线进行调整，变换礼服颜色，打开素材\08\06.jpg素材文件，将打开的文件复制到裙子图像下，最后输入合适的文字。

8.5 时尚与可爱并存的童装表现

儿童服饰照片的后期处理，需要用清新的色彩来吸引小朋友的眼球。在具体的处理过程中，利用蒙版选取穿着服饰的小朋友区域，通过调整"色彩平衡"和"色相\饱和度"，让衣服的色彩变化更加明显，再通过提亮背景，利用明暗反差来突出画面中要表现的服饰商品。

示例 时尚与可爱并存的童装表现

- ● 难易指数 ★★★☆

- ● 技术要点 ● 蒙版的"反相"运用
  - ● 填充纯色图层
  - ● 快速蒙版的运用

实例
文件　素材\08\07.jpg
　　　源文件\08\时尚与可爱并存的童装表现.psd

Step 01 裁剪照片

打开素材\08\07.jpg素材文件，选择背景图层，按下快捷键Ctrl+J复制得到"图层1"图层，选择工具箱中的"裁剪工具"，取消勾选"删除裁剪的像素"，把画面裁剪到合适大小。

Step 02 为照片添加蒙版

选择"图层1"图层，单击面板下方的"添加图层蒙版"按钮 ▣，为"图层1"添加图层蒙版，设置前景色为黑色，并选择"柔边圆画笔"工具，在人物部分涂抹。

图层 1

Step 03 微调背景色彩

选择"图层1"图层，执行"图像>调整>色彩平衡"菜单命令，拖动滑块调整背景的颜色。

图层 1

色彩平衡
色阶(L): 0 -15 0
青色 ——————— 红色
洋红 ——————— 绿色
黄色 ——————— 蓝色

Step 04 调整背景饱和度

选择"图层1"图层，按下快捷键Ctrl+J，复制得到"图层1拷贝"图层，执行"图像>调整>色相\饱和度"菜单命令，设置"饱和度"为-10。

色相(H): 0
饱和度(A): -10
明度(I): 0

Step 05 设置"曲线"提亮图像

按下Ctrl键不放，单击"图层1拷贝"图层，载入选区，单击"调整"面板中的"曲线"按钮，新建"曲线"调整图层，向上提升曲线，提亮背景。

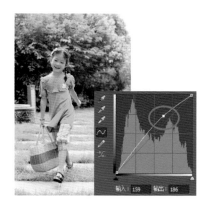

输入：159   输出：186

Step 06 调整背景色调

按下Ctrl键单击"曲线1"图层蒙版，载入选区，单击"调整"面板中的"可选颜色"按钮，新建"选取颜色"调整图层，复制"曲线1"图层的图层蒙版，打开"属性"面板，选择"黄色"，输入"青色"为+53、"洋红"为+27，选择"绿色"，输入"青色"为-56、"洋红"为+20。

颜色：黄色
青色   +53   %
洋红   +27   %
黄色   0   %
黑色   0   %

颜色：绿色
青色   -56   %
洋红   +20   %
黄色   0   %
黑色   0   %

选取颜色 1

技巧01 将调整应用到剪贴图层

在图像中创建调整图层调整照片颜色时，在"属性"面板调整选项下方有一个控制调整影响图层的按钮，默认情况下，对图像的调整操作会影响调整图层下方的所有图层，如果只需要对下方的第一个图层产生影响，则可以单击按钮，会将当前选定的调整图层与下方图层创建为剪贴蒙版组。

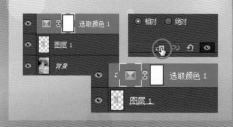

选取颜色 1
图层 1
背景

相对   绝对

选取颜色 1
图层 1

Step 07 复制并反相图层蒙版

盖印可见图层，得到"图层2"图层，为图层添加图层蒙版，并复制"选取颜色1"的图层蒙版，按下快捷键Ctrl+I反相蒙版。

技巧 02 图层蒙版的复制

在对商品进行调色时，经常会应用到蒙版的复制功能，通过复制蒙版的方式可以对同一区域的图像实现多个调整命令叠加的处理效果。在Photoshop中，要复制图层蒙版，可以在"图层"面板中单击选中需要被复制的图层蒙版缩览图，再按下Alt键不放，当鼠标光标变为 形时，单击并拖曳图层蒙版至需要添加相同蒙版的图层上，释放鼠标即可。

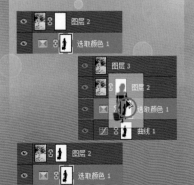

Step 08 调整人物的亮度

选择"图层2"图层，执行"图像>调整>曲线"菜单命令，添加控制点拖曳鼠标，调整儿童的亮度。

Step 10 填充纯色图层

按下快捷键Ctrl+Shift+Alt+E盖印图层，执行"图层>新建>图层"，得到"图层4"图层，为"图层4"填充浅黄色，并把"不透明度"设置为20%。

Step 09 增加衣服鲜艳度

选择"图层2"图层，执行"图像>调整>色相\饱和度"菜单命令，设置"饱和度"为+15，增加衣服的鲜艳度。

Step 11 填充纯色图层

按下快捷键Q进入快速蒙版，选择"渐变工具"，设置由黑至透明的线性渐变，在"图层4"上拖曳一个由左上角至右下角的透明渐变，按Q键退出快速蒙版并按Delete键删除选区。

Chapter 鞋类箱包 09

鞋子和包包是商品照片中的主要题材，在后期处理时，需要观察鞋子与包包照片的特点，根据画面中商品对象进行精细的调整，通过对鞋子和包包的外形进行修饰，并结合适当的变形应用，可以让处理后的图像更能体现出鞋子、包包与其他商品的不同之处，为观者留下深刻的印象。在本章节中，会为读者讲解与鞋子、包包相关的照片处理技术，通过对本章的学习，读者可以利用所学知识独立完成各类鞋包类商品的快速调修。

本 章 重 点

- 淡雅色彩突出女式凉鞋的清爽感
- 突出时尚感的精品单鞋
- 潮版男鞋展现时尚运动风
- 甜美的糖果色手提小包
- 高端休闲的旅行单肩包

9.1 淡雅色彩突出女式凉鞋的清爽感

在光线充足的室内拍摄鞋子时，可以根据鞋子所具有的特征调整光圈值，通过曝光获得更多的细节呈现。在后期处理时，利用"液化"命令对鞋子外形进行修饰，使鞋子更具流畅感，再选出画面中的鞋子后方的背景部分，使用模糊滤镜对照片进行模糊处理，加强景深效果，使图像中的鞋子更加突出，最后提亮中间部分，明亮的色调更能增添清新的画面感。

示例 淡雅色彩突出女式凉鞋的清爽感

● 难易指数 ★★★☆

● 技术要点
- "液化"命令修正变形
- "镜头模糊"表现虚实背景
- "可选颜色"增强局部色彩
- "曲线"提高画面对比

实例文件
素材\09\01.jpg
源文件\09\淡雅色彩突出女式凉鞋的清爽感.psd

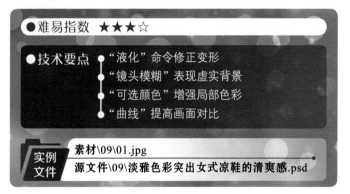

Step01 调整图片构图

打开素材\09\01.jpg素材文件，选择工具箱中的"裁剪工具"，在画面中单击并拖曳鼠标，绘制一个裁剪框，双击图片裁剪图像，调整照片的构图。

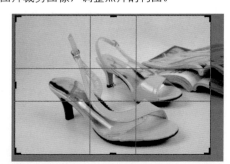

Step02 修正图片变形

复制"背景"图层，得到"背景拷贝"图层，选中"背景拷贝"图层，执行"滤镜>液化"菜单命令，打开"液化"对话框，选择"向前变形工具"，按下键盘中的[键或]键调整画笔大小，在图片的变形位置拖曳，修正商品的变形部分。

Step 03 去除物体上面的反光

盖印图层，得到"图层1"图层，选择工具箱中的"仿制图章工具"，设置"不透明度"为50%，"流量"为40%，按住Alt键取样并在商品的反光处涂抹，去除反光。

Step 04 修补商品缺陷

选择工具箱中的"吸管工具"，在需要修补的位置单击取样颜色，选择工具箱中的"多边形套索工具"，勾出需要修补的部分，按下快捷键Shift+F5填充，在填充对话框中选择"前景色"选项，修补图像，通过反复的编辑，修复鞋子上的更多瑕疵。

Step 05 盖印图层添加蒙版

盖印图层，得到"图层2"图层，单击"图层"面板中的"添加图层蒙版"按钮，添加蒙版，运用"渐变工具"从图像左下角往右上角拖曳黑白效果。

技巧01 运用蒙版控制模糊范围

应用"镜头模糊"滤镜模糊图像时，会用图层蒙版来确定要模糊的范围或区域。在设定图层蒙版的过程中，黑色的区域为焦点区域，此区域中的图像保持清晰状态，而灰色的区域为过渡区域，白色区域为完全处理焦点外的图像，此区域的图像显示为完全模糊效果。

Step 06 设置滤镜模糊图像

单击"图层2"图层缩览图，执行"滤镜 > 模糊 > 镜头模糊"菜单命令，打开"镜头模糊"对话框，在对话框中设置源为"图层蒙版"，形状为"五边形"，"半径"为30，单击"确定"按钮，模糊图像。

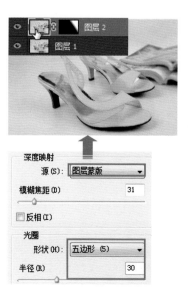

Step 07 选择鞋子图像

按下快捷键Ctrl+Shift+I反选选区，按Q键进入快速蒙版，选择工具箱中的"渐变工具"，模式设为"线性加深"，单击照片底部向上拖曳拉出渐变区域，设置虚化范围，按Q键退出快速蒙版。

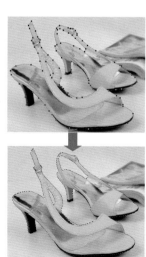

Step 08 设置"可选颜色"调整颜色

选择"图层2"图层,按下快捷键ShiftCtrl+]置顶,按下Ctrl键载入选区,单击"调整"面板中的"可选颜色"按钮，新建"选取颜色"调整图层蒙版,打开"属性"面板,选择"青色"选项,输入"青色"为+100、"洋红"为+37、"黄色"为+56、"黑色"为+54,选择"蓝色"选项,输入"青色"为+54、"洋红"为+100、"黄色"为−2、"黑色"为−52,调整画面中的鞋子颜色。

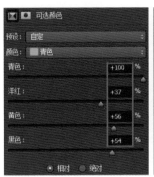 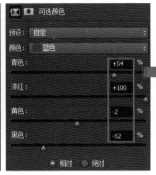 

Step 09 调整对比效果

选择"图层2"图层,按下Ctrl键载入选区,单击"调整"面板中的"亮度\对比度"按钮，新建"亮度\对比度"调整图层,打开"属性"面板,在面板中输入"亮度"为20,"对比度"为−13,提亮图像,降低对比效果。

Step 11 载入选区

按下Ctrl键载入选区,单击"色相\饱和度1"图层蒙版缩览图,载入选区。

Step 10 增强鞋子颜色饱和度

再次载入选区,新建"色相\饱和度1"调整图层,在"属性"面板中选择"蓝色"选项,输入"色相"为−41,"饱和度"为+26,选择"青色"选项,输入"色相"为+15,"饱和度"为+43,调整选区内的图像颜色。

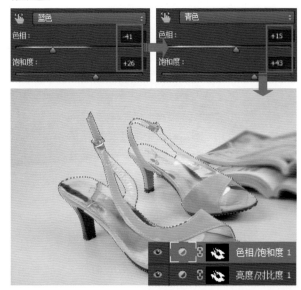

Step 12 设置"曲线"

执行"选择>反向"菜单命令，反选选区，新建"曲线1"调整图层，在"属性"面板中单击并拖曳曲线，提亮背景部分的亮度，突出画面中间的鞋子。

Step 13 绘制蝴蝶图案

载入"蝴蝶"笔刷，在"画笔预设"选取器中单击选择载入的蝴蝶笔刷，创建"图层3"图层，设置前景色为R6、G67、B129，在图像右上角单击，绘制蓝色的蝴蝶图案。

Step 14 设置图层样式

执行"图层>图层样式>渐变叠加"菜单命令，打开"图层样式"对话框，在对话框中设置渐变颜色，并将样式设置为"线性"，设置"角度"为90度。

Step 15 复制图案添加文字

按下快捷键Ctrl+J，复制"图层3"图层，调整复制的蝴蝶的大小和位置，再继续用同样的方法，绘制星光图案，最后为处理后的图像添加文字效果。

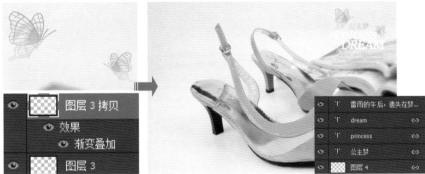

技巧02 蒙版使用中的一些快捷键

　　Photoshop为方便用户快速编辑图层蒙版，设置了一些快捷键配合操作，若按下Alt键单击图层蒙版缩略图，可进入或退出蒙版视图；按下Shift键单击蒙版缩略图，可使其可用或不可用；在蒙版状态下，按下Shift+Alt键单击蒙版的缩略图，可以进入或退出快速蒙版模式；按下Ctrl键单击蒙版缩略图，可以在蒙版边缘创建选区；按下Ctrl+Alt键并单击蒙版缩略图，可在蒙版边缘上减去部分选区；按下Ctrl+Shift+Alt键并单击蒙版缩略图，可在初选区和蒙版边缘的一个新的选区之间创建一个交叉区。

9.2 突出时尚感的精品单鞋

> 单鞋也称为四季鞋，多选用单层皮制作而成。对皮质单鞋进行拍摄时，容易使拍摄出来的鞋面出现反光，所以在后期处理时，需要运用图像修复工具对鞋面上的反光进行去除操作，再利用模糊滤镜对模特的皮肤进行模糊处理，使肌肤变得更为光滑，最后对画面的明暗进行调整，提亮图像，突出画面中间的鞋子图像。

 示例 突出时尚感的精品单鞋

● **难易指数** ★★★☆

● **技术要点**
- "裁剪工具"调整构图
- "磁性套索工具"选择图像
- 根据"色彩范围"创建选区
- 设置"曲线"提亮画面

实例文件
素材\09\02.jpg
源文件\09\突出时尚感的精品单鞋.psd

POINTED FASHION SHOES

Step 01 裁剪照片调整构图

打开素材**\09\02.jpg**素材文件，选择"裁剪工具"，取消选项栏中的"删除裁剪的像素"复选框的勾选状态，运用"裁剪工具"在画面中绘制裁剪框，将多余的图像裁剪掉，使画面中的鞋子变得更加突出。

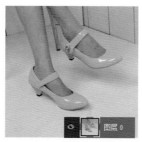

Step 02 绘制路径创建选区

复制"图层0"图层，得到"图层0拷贝"图层，选择工具箱中的"钢笔工具"，在鞋子后方的椅脚位置创建封闭的工作路径，按下快捷键**Ctrl+Enter**，将创建的工作路径转换为选区，选中画面中的椅脚图像。

Step03 去除背景多余图像

选择"仿制图章工具"，在选项栏中设置"不透明度"为61%，按下Alt键不放，在左侧干净的背景中单击，取样图像后，运用取样像素修复选区内中多余图像，使用"仿制图章工具"反复涂抹，去除画面中更多的杂物，让画面变得更为干净。

Step04 创建选区

选择"磁性套索工具"，在选项栏中设置"羽化"为2像素，单击"添加到选区"按钮，沿鞋子图像单击并拖曳鼠标，创建选区，选中画面中的鞋子对象。

Step05 更改混合模式

按下快捷键Ctrl+J，复制选区内的图像，得到"图层1"图层，复制"图层1"图层，得到"图层1拷贝"图层，隐藏"图层1拷贝"图层后，选中"图层1"图层，用"仿制图章工具"去除鞋面反光，再选中"图层1拷贝"图层，将"不透明度"设置为19%。

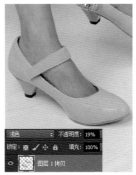

Step06 复制图像

选择"磁性套索工具"，在选项栏中设置"羽化"为2像素，单击"添加到选区"按钮，沿鞋子图像单击并拖曳鼠标，创建选区，选择"图层0"图层，按下快捷键Ctrl+J，复制图层，得到"图层2"图层，将此图层移至最上方。

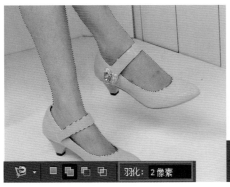

Step 07 设置滤镜模糊图像

执行"滤镜>模糊>表面模糊"菜单命令，打开"表面模糊"对话框，在对话框中输入"半径"为10，"阈值"为6，单击"确定"按钮，模糊图像。

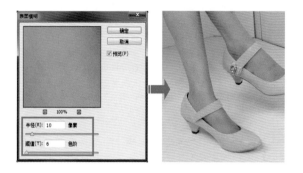

Step 08 调整"色阶"提亮皮肤

按下Ctrl键不放，单击"图层2"图层，载入选区，新建"色阶"调整图层，打开"属性"面板，在面板中输入色阶为0、1.11、255，调整皮肤的亮度。

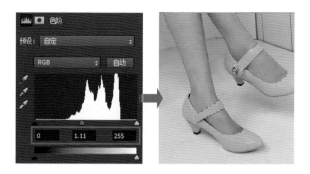

Step 09 根据"色彩范围"创建选区

单击"图层0"图层，执行"选择>色彩范围"菜单命令，打开"色彩范围"对话框，在对话框中缩览图的墙面间隙位置单击，调整选择范围，单击"确定"按钮，创建选区，执行"选择>反向"菜单命令，反选选区。

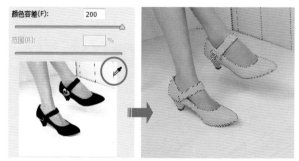

Step 10 复制图像调整位置

按下快捷键Ctrl+J，复制图层，得到"图层3"图层，运用"橡皮擦工具"将多余部分图像删除，然后将余下的图像移至原椅脚位置。

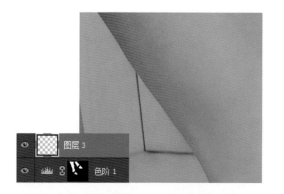

Step 11 设置"曲线"提亮图像

新建"曲线"调整图层，打开"属性"面板，在面板中对曲线进行设置，按下Ctrl键不放，单击"图层1"图层，载入选区，设置前景色为R161、G161、B161，单击"曲线1"图层蒙版，将选区填充为灰色，最后在图像下方添加文字效果。

9.3 潮版男鞋展现时尚运动风

　　男式运动鞋在后期处理时，需要对画面中的鞋子材质进行体现，通常使用"仿制图章工具"对鞋子边缘进行修复，使鞋子与背景区分开，再将处理后的鞋子从原图像中抠出，结合"智能锐化"滤镜对抠出的鞋子进行锐化设置，使鞋面上的纹理变得更加清晰，突出鞋子材料及质感，最后为鞋子填充新的背景颜色并适当修饰色彩，展现更为时尚动感的运动鞋。

示例 潮版男鞋展现时尚运动风

● 难易指数 ★★★☆

● 技术要点
- "智能锐化"滤镜获取细节
- "画笔工具"打造晕光效果
- "色彩平衡"协调画面感
- "曲线"命令微调背景颜色

实例文件
素材\09\03.jpg
源文件\09\潮版男鞋展现时尚运动风.psd

Step01 精选区域修复画面

打开素材**\09\03.jpg**素材文件，复制"背景"图层，得到"背景拷贝"图层，选择"多边形套索工具"绘制出鞋子需要修复部分的边缘，选择"仿制图章工具"在选区范围内干净的图像上按下**Alt**键并单击，取样图像并修复。

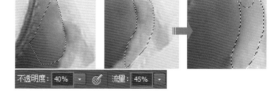

Step02 复制选区还原画面

用"多边形套索工具"选择画面的干净区域，按下快捷键**Ctrl+J**，复制选区得到"图层1"图层，移动覆盖到需要修复的部分，按下快捷键**Ctrl+T**，"自由变换"旋转到合适位置，删除不需要的选区，**Ctrl+E**向下合并图层。

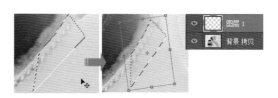

Step 03 抠出商品主体

选择工具箱中的"多边形套索工具"，设置"羽化"值为2像素，在鞋子轮廓连续单击抠出鞋子，按下快捷键Ctrl+J，复制选区得到"图层1"图层。

Step 04 "智能锐化"滤镜获得更多细节

选择"图层1"，执行"滤镜>锐化>智能锐化"滤镜，在对话框中输入"数量"为200，"半径"为1.5，"减少杂色"为10，"移去"为"高斯模糊"。

Step 05 色阶命令调整明暗

执行"图像>调整>色阶"菜单命令，打开"色阶"对话框，在对话框中将黑色滑块拖曳至4位置，将灰色滑块拖曳至1.45位置，将白色滑块拖曳至238位置，设置后增强了对比，让鞋子更有层次感。

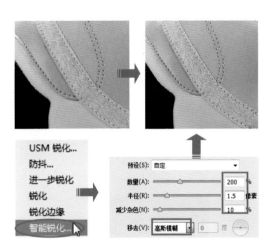

Step 06 设置背景颜色

执行"图层>新建>图层"菜单命令，得到"图层2"，选择"裁剪工具"，调整照片的整体构图，设置前景色为R140、G160、B165，选择"图层2"图层，按下快捷键Shift+F5填充前景色。

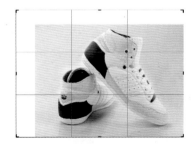

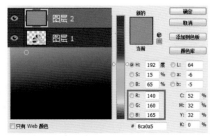

Step 07 "画笔工具"制作背景晕光效果

将"图层2"图层向下拖曳至"图层1"下方,设置"前景色"为白色,隐藏"图层1",选择"画笔工具",调整到合适大小,设置"不透明度"为40%,"流量"为40%,在"图层2"上沿着鞋子周围涂抹。

Step 08 调整画笔浓度完善画面

选择"画笔工具",设置"不透明度"为25%,"流量"为20%,继续在"图层2"图层上涂抹。

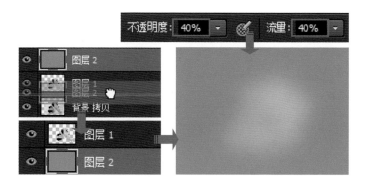

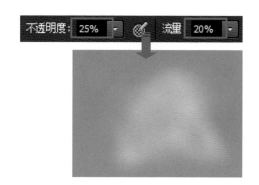

Step 09 "色彩平衡"命令让主体物与背景更协调

显示"图层1",选中"图层1"图层,执行"图像>调整>色彩平衡"菜单命令,在色彩平衡对话框中选择"中间调",输入"色阶"值分别为–6、5、5。

Step 10 "曲线"命令微调背景颜色

选择"图层2"图层,执行"图像>调整>曲线"命令,在对话框中添加控制点并拖曳曲线,增加背景的亮度,最后为画面添加简洁的文字,适当调整文字的透明度,使画面更加协调。

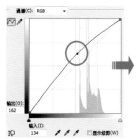

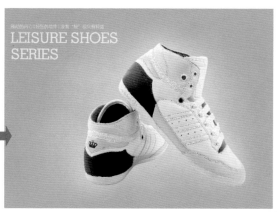

LEISURE SHOES
SERIES

9.4 甜美的糖果色手提小包

　　时尚小巧的手提包一直都是女生的最爱，在处理这类包包时，可先观察画面的整体效果，把多余的图像裁剪掉，突出要表现的主体，再对包包进行锐化，让包包上面的纹理变得更深，最后适当地对包包的颜色进行调整，让画面变得更协调。

专家提点 单灯补光增强包包细节质感

　　为了更好地向观者展现包包的细节、材质，可以在拍摄时适当地灭掉一只闪光灯，采用单灯的拍摄方式照明，使包包在光影作用下，表面产生更明显的阴影，从而提升包包的品质感。

示例 甜美的糖果色手提小包

● 难易指数 ★★☆☆

● 技术要点　用"仿制图章工具"修复瑕疵
"色彩范围"快速选取图像
设置"色相\饱和度"增强色彩

实例文件　素材\09\04.jpg
源文件\09\甜美的糖果色手提小包.psd

Step 01 裁剪图像

打开素材**\09\04.jpg**素材文件，选择工具箱中的"裁剪工具"，在画面中拖曳鼠标调整裁剪框大小，双击图片裁剪图像，裁掉画面的多余部分。

Step 02 修复瑕疵

按下快捷键**Ctrl+J**，复制图层，得到"图层1"图层，选择工具箱中的"仿制图章工具"，设置"不透明度"为80，"流量"为80，调整到合适大小，按住**Alt**键在瑕疵旁边单击，然后在包包及背景中的污迹和多余挂钩位置单击并涂抹，修复图像中的瑕疵。

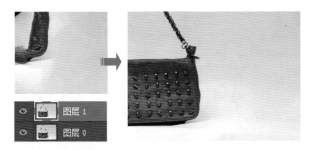

Step 03 用"色彩范围"抠出图像

选择"图层1"图层,执行"选择>色彩范围"菜单命令,打开"色彩范围"对话框,设置"颜色容差"为87,在包包旁边的背景区域单击,勾选"反相"复选框,单击"确定"按钮,创建选区并复制选区内的图像。

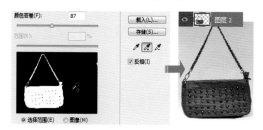

Step 06 调整亮度和对比度

按下Ctrl键不放,单击"色相\饱和度1"图层蒙版,载入选区,新建"亮度\对比度1"调整图层,并在"属性"面板中设置参数值,调整包包的亮度。

Step 07 填充渐变背景

在"图层1"下方新建"图层2"图层,选用"矩形工具"绘制一个与图像同等大小的矩形,并在选项栏中设置选项,为绘制的矩形填充渐变效果。

Step 04 锐化图像

执行"滤镜>锐化>USM锐化"菜单命令,打开"USM锐化"对话框,在对话框中设置"数量"为86,"半径"为5.0,单击"确定"按钮,锐化图像。

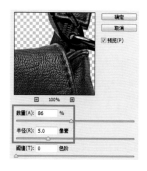

Step 05 调整包包颜色

按下Ctrl键不放,单击"图层1"图层,载入选区,新建"色相\饱和度1"调整图层,在"属性"面板中对"全图"和"红色"进行设置。

Step 08 绘制图形盖印图像

选择"椭圆工具",在选项栏中设置选项后,按下Shift键的同时在图像右侧单击并拖曳鼠标,绘制一个正圆,盖印"图层1"和"色相/饱和度"与"亮度\对比度1"图层,将盖印的图像移至椭圆图层上方。

Step 09 创建剪贴蒙版隐藏图像

适当调整包包大小,执行"图层>创建剪贴蒙版"菜单命令,创建剪贴蒙版,隐藏多余图像,最后运用"横排文字工具"输入文字。

高端休闲的旅行单肩包

旅行携带的单肩包多选用帆布制成，在处理这类包包时，如果操作不当会给人一种非常陈旧的感觉。下面的实例中，先把要表现的包包抠取出来，去除多余背景，再对包包进行提亮，使得图像中包包更具有表现力，展示出更精致的包包效果。

专家提点 包包的位置摆拍技巧

拍摄包包时一般会选择在静物棚中拍摄，可以将要拍摄的包包放于摄影棚的中央或是靠前一点的位置，这样在拍摄时才能更好地对背景进行模糊处理，获得更简洁的画面。

 高端休闲的旅行单肩包

● 难易指数 ★★★☆

● 技术要点
- 利用通道图层快速抠图
- 调整"曲线"和"色阶"得到强对比画面
- "椭圆选框工具"填充黑色制作投影

实例文件	素材\09\05.jpg
	源文件\09\高端休闲的旅行单肩包.psd

潮包大作战
岁末疯抢下手勿犹豫

潮流时尚
¥129

Step 01 调整图片构图

打开素材**\09\05.jpg**素材文件，选择工具箱中的"裁剪工具"，在画面中单击并拖曳鼠标，绘制一个裁剪框，双击图片裁剪图像，裁剪掉画面的多余部分。

Step 02 复制通道图层

按下快捷键**Ctrl+J**复制背景图层，得到"图层1"图层，切换到"通道"面板，复制对比强烈的"蓝通道"得到"蓝拷贝"通道图层。

Step03 调整图片明暗

执行"图像>调整>曲线"命令，在对话框中添加控制点并拖曳曲线，设置"输出"为50，"输入"为81，得到明暗对比相对强烈的画面。

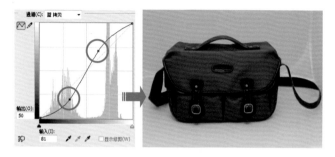

Step04 加强黑白对比

执行"图像 > 调整 > 色阶"菜单命令，在"色阶"对话框中拖曳滑块，得到黑白分明的画面效果，再次执行"色阶"菜单命令，再次拖曳滑块得到更精确的黑白画面。

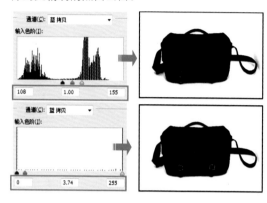

Step05 快速抠出包包

设前景色为黑色，选择"画笔工具"把包包对象全部涂抹为黑色，再选择"魔棒工具"，单击黑色的包包对象，创建选区，单击RGB通道，打开"图层"面板，按下快捷键Ctrl+J，复制选区图像，抠出包包，得到"图层2"图层。

Step06 删除边缘多余的背景

选择"图层2"图层，隐藏其他图层，选中"多边形套索工具"，在包包的边缘单击，选中边缘图像选区，设置"羽化"值为2像素，按Delete键删除，去除不需要的部分。

技巧 创建连续的选区选择更准确的图像

使用"多边形套索工具"选择图像时，如果创建的选区没能将需要的图像完全选中，可以通过单击此工具选项栏中的"添加到选区"■、"从选区减去"■或"与选区交叉"按钮■，对创建的选区再做调整，从而选择更加精细的图像。

Step 07 增加商品的明亮度

单击"调整"面板中的"曲线"按钮，新建曲线调整图层，打开"属性"面板，添加控制点并拖曳曲线，提亮画面。

Step 08 调整商品的对比度

创建"亮度\对比度"调整图层，在"属性"面板中输入"对比度"为10，增加商品的对比度。

Step 09 填充纯色背景

按下快捷键Ctrl+Shift+Alt+E盖印图层，新建透明图层为"图层4"，为"图层4"填充白色，并调整"图层4"至"图层3"图层下方。

Step 10 制作包包的投影

在"图层4"上方新建一个透明图层得到"图层5"图层，选择工具箱中的"椭圆选框工具"，在"图层5"图层上绘制一个椭圆选区，设置"羽化"值为60像素，为椭圆选区填充黑色，设置"图层5"的不透明度为50%，使用"移动工具"移动到合适位置。

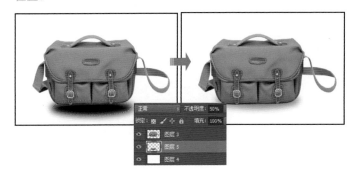

Step 11 添加图形和文字

选择"椭圆工具"，设置前景色为R176、G83、B51，在包包左下角绘制圆形，然后在绘制的图形上添加文字。

Chapter 10
流行饰品

随着网络的盛行，越来越多的人选择在网上购买漂亮的饰品，并佩戴这些精美饰品，更好地展现自己个性和魅力。一张精美的饰品的照片，不仅可以更好地体现商品的主要特征，更能激发人们的购买欲望。在本章中，会为读者选择一些常用的饰品，再运用Photoshop中相关工具和命令对这些饰品进行处理，得到更加让人赏心悦目的精致的饰品图像。

本章重点

- 闪亮耀眼的戒指
- 高贵典雅的水晶项链
- 突显民族风潮的串珠手链
- 韩版气质时尚可爱耳饰
- 时尚大气的太阳眼镜
- 借助暗调表现手表的品质感

10.1 闪亮耀眼的戒指

黄金戒指因为质地较软，长期佩戴会使戒指发生磨损而失去光泽，所以在后期处理时，需要对戒指上的划痕进行修复，再对戒指的亮度进行调整，提高其闪光度，然后为戒指填充颜色，增强其色彩的鲜艳度，最后绘制上星光图案，还原闪亮耀眼的黄金戒指。

专家提点 使用柔光箱让戒指受光均匀

当在光线较暗的摄影棚内拍摄戒指时，光线不足会让戒指照片出现局部较暗或局部较亮的情况。此时，可以借助柔光箱进行拍摄，通过适当补光让戒指各个面都受光较均匀。

 示例 闪亮耀眼的戒指

● 难易指数 ★★★☆

● 技术要点　● 更改混合模式提亮图像
　　　　　　● "减少杂色"滤镜去除噪点
　　　　　　● 填充纯色增强色彩

实例文件　素材\10\01.jpg
　　　　　源文件\10\闪亮耀眼的戒指.psd

Step01 更改图层混合模式

打开素材\10\01.jpg素材文件，在"图层"面板中复制"背景"图层，得到"背景拷贝"图层，选中"背景拷贝"图层，将此图层的混合模式设置为"滤色"，添加图层蒙版，运用黑色画笔在右上角的背景图像上涂抹，还原图像亮度。

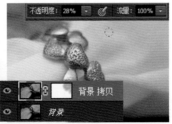

Step02 设置 Camera Raw 滤镜

盖印图层，得到"图层1"图层，执行"滤镜> Camera Raw滤镜"菜单命令，打开Camera Raw对话框，单击"细节"按钮，展开"细节"选项卡，在选项卡设置"颜色"为50，"颜色细节"为1，单击"确定"按钮。

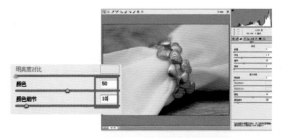

Step 03 设置并去除杂色

执行"滤镜>杂色>减少杂色"菜单命令，打开"减少杂色"对话框，在对话框中输入"强度"为10，"保留细节"为13，"减少杂色"为28，"锐化细节"为15，单击"确定"按钮，去除杂色，为"图层1"图层添加蒙版，选用黑色画笔在不需要模糊的主体对象上涂抹，还原清晰的图像。

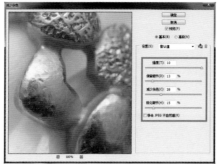

Step 04 设置滤镜

盖印图层，得到"图层2"图层，执行"滤镜>锐化>USM锐化"菜单命令，打开"USM锐化"对话框，在对话框中输入"数量"为66，"半径"为2.0，单击"确定"按钮，锐化图像。

Step 05 编辑图层蒙版

选中"图层2"图层，单击"图层2"面板底部的"添加图层蒙版"按钮，为"图层2"图层添加蒙版，选择"画笔工具"，设置前景色为黑色，在不需要锐化的背景区域涂抹，还原图像的清晰度。

Step 06 修复商品上的划痕

按下快捷键Ctrl+Shift+Alt+E，盖印图层，得到"图层3"图层，单击工具箱中的"污点修复画笔工具"按钮，将鼠标移至戒指上方的划痕位置，单击并涂抹，修复图像，经过反复的涂抹操作后，修复戒指上的明显瑕疵。

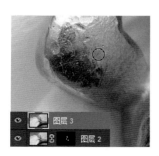

Step 07 填充颜色提亮画面

新建"颜色填充1"调整图层，设置填充色为白色，混合模式为"柔光"，运用黑色画笔在戒指及旁边的白色纸张上涂抹，隐藏设置的填充色。

Step 08 调整颜色比

单击"调整"面板中的"色彩平衡"按钮 ，新建"色彩平衡"调整图层，在打开的"属性"面板中选择"红色"选项，输入颜色比为-72、-12、+100、-11，选择"黄色"选项，输入颜色比为-3、-5、+13、-4。

Step 09 设置"曲线"

新建"曲线"调整图层，打开"属性"面板，在面板中单击曲线，添加一个曲线控制点，再向上拖曳该曲线，提亮图像，单击"曲线1"图层蒙版，运用黑色画笔在戒指位置涂抹，还原图像亮度。

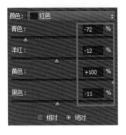
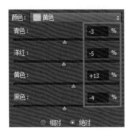

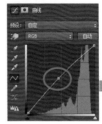
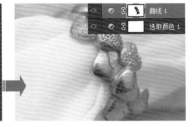

Step 10 调整对比度

新建"亮度\对比度"调整图层，并在打开的"属性"面板中输入"对比度"为55，增强对比效果，再选用黑色画笔在戒指图像上涂抹，还原涂抹位置的对比效果。

Step 11 填充颜色

按下Ctrl键不放，单击"亮度\对比度1"图层蒙版，载入选区，新建"颜色填充2"调整图层，设置填充色为R251、G123、B31，选中"颜色填充2"图层，将混合模式设置为"柔光"，"不透明度"为50%。

Step 12 填充并修复图像

新建"颜色填充3"调整图层，设置填充色为R218、G181、B34，将混合模式设置为"正片叠底"，再将图层蒙版填充为黑色，选择"画笔工具"，设置前景色为白色，调整"不透明度"为8%，在戒指高光位置涂抹。

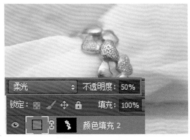
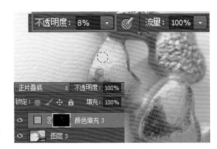

Step 13 绘制星光图案

选择工具箱中的"画笔工具"，载入"星光"笔刷，然后"画笔预设"选取器中单击选择载入的画笔，新建"图层4"图层，设置"不透明度"为70%，调整画笔笔触大小，在心形戒指上方单击，绘制闪亮星光效果。

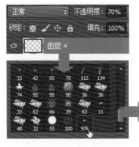

10.2 高贵典雅的水晶项链

水晶项链是非常常见的饰品，其中最为常见的就是无色水晶项链，这类照片在拍摄时容易出现反光，因此在后期处理时，可先对照片进行锐化处理，让水晶项链变得更富有轮廓感，再使用"曲线"调整饰品及背景的影调和色彩，增强饰品与背景的对比反差，表现出水晶项链的高贵典雅。

示例 高贵典雅的水晶项链

● 难易指数 ★★☆☆

● 技术要点
- 裁剪照片去除多余影像
- 设置"曲线"调整饰品颜色
- "色相\饱和度"命令增强颜色
- "亮度\对比度"命令加深对比

实例文件
素材\10\02.jpg
源文件\10\高贵典雅的水晶项链.psd

Step 01 裁剪照片

打开素材\10\02.jpg素材文件，选择工具箱中的"裁剪工具"，在画面中单击并拖曳鼠标，绘制一个裁剪框，单击"裁剪工具"选项栏中的"提交当前裁剪操作"按钮✔，裁剪图像，调整照片的构图。

Step 02 锐化图像

复制"背景"图层，得到"背景拷贝"图层，选中"背景拷贝"图层，执行"滤镜>锐化>USM锐化"菜单命令，打开"USM锐化"对话框，在对话框中输入"数量"为500，"半径"为0.4，单击"确定"按钮，锐化图像，为"背景拷贝"图层添加图层蒙版，选择"画笔工具"，设置"前景色"为黑色，在背景位置涂抹，隐藏图像。

Step03 载入并复制选区内图像

盖印图层，得到"图层1"图层，按下Ctrl键不放，单击"背景拷贝"图层蒙版，载入选区，选中"图层1"图层，按下快捷键Ctrl+J，复制选区内的图像，得到的"图层2"图层。

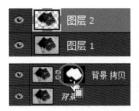 

Step04 用滤镜获得清晰图像

复制"图层2"图层，得到"图层2拷贝"图层，将此图层的混合模式设置为"叠加"，执行"滤镜>其他>高反差保留"菜单命令，打开"高反差保留"对话框，输入"半径"为5.0，单击"确定"按钮，锐化图像。

Step05 编辑各通道曲线

新建"曲线"调整图层，打开"属性"面板，在面板中分别选择"红""蓝"和"RGB"通道，运用鼠标拖曳各通道下的曲线，调整曲线的形状，单击"曲线1"图层蒙版，设置"前景色"为黑色，按下快捷键Alt+Delete，将蒙版填充为黑色，再运用白色画笔在项链位置涂抹，调整项链的影调。

  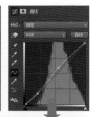

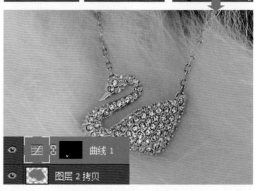

技巧01 自动曲线调整商品的明暗

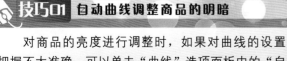

　　对商品的亮度进行调整时，如果对曲线的设置把握不太准确，可以单击"曲线"选项面板中的"自动"按钮，单击该按钮后，Photoshop会根据打开的图像的具体情况，自动调整曲线形状，并将其调整效果反映至图像上。

Step06 设置颜色填充图像

按下**Ctrl**键不放，单击"图层2拷贝"图层，载入选区，新建"颜色填充1"调整图层，设置填充色为R216、G216、B216，选中"颜色填充1"调整图层，将此图层的混合模式设置为"饱和度"。

Step07 载入选区调整颜色

按下**Ctrl**键不放，单击"图层2拷贝"图层，载入选区，新建"色相\饱和度"调整图层，打开"属性"面板，在面板中输入"饱和度"为+33，再选择"蓝色"选项，输入"色相"为−4，"饱和度"为+1，调整图像颜色的饱和度。

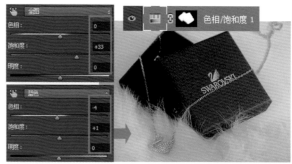

Step08 选取图像调整明暗

单击"背景"图层，执行"选择>色彩范围"菜单命令，打开"色彩范围"对话框，在对话框中设置"颜色容差"为141，运用吸管工具在项链盒子位置单击，设置选择范围，创建选区，新建"亮度\对比度"调整图层，并在"属性"面板中输入"亮度"为20，"对比度"为26，调整选区亮度和对比度。

Step09 设置"曲线"提亮画面

单击"背景"图层，执行"选择>色彩范围"菜单命令，打开"色彩范围"对话框，在对话框中设置"颜色容差"为31，运用吸管工具在图像下方的背景位置单击，设置选择范围，创建选区，新建"曲线2"调整图层，并在"属性"面板中运用鼠标拖曳曲线，调整选区内的图像亮度。

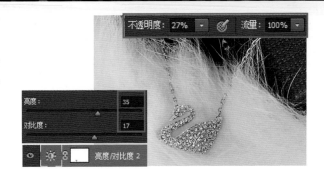

Step⑩ 调整亮度和对比度

新建"亮度\对比度2"调整图层，并在"属性"面板中
输入"亮度"为35，"对比度"为17，提亮画面，增
强对比效果，再单击"亮度\对比度2"图层蒙版，选择
"画笔工具"，设置"前景色"为黑色，"不透明度"
为27%，运用黑色画笔在项链上涂抹，编辑图层蒙版，
调整"亮度\对比度"调整范围。

Step⑪ 调整选区的亮度和对比度

按下Ctrl键不放，单击"亮度\对比度2"图层蒙版，载入选区，执行"选择>反向"菜单命令，反选选区，再创建
"亮度\对比度3"调整图层，并在"属性"面板中输入"亮度"为81，"对比度"为-32，调整项链的影调，最后
在图像右下角输入合适的文字。

技巧02 调整图像时的选区载入

在对商品照片进行明暗或颜色的调整时，如果只需要
对其中一部分图像进行调整，则需要用选区工具选中要调整
的图像区域，如果已经对其中一部分图像应用了调整，还需
要对该区域中的图像进行更深入的调整，则可以将创建的调
整图层蒙版作为选区载入。载入蒙版选区的方法有多种，方
法一是按下Ctrl键不放，单击图层蒙版缩览图，载入选区；
方法二是选中该图层蒙版所在图层，执行"选择>载入选
区"菜单命令。

10.3 突显民族风潮的串珠手链

个性时尚的民族手链多选用不同颜色珠子串接而成，因此在后期处理时，需要对色彩进行精细的调整。先运用Photoshop中的修复工具去除瑕疵，呈现更为精致的效果，再选取画面中颜色不均匀的图像，调整其色彩平衡，让商品的色彩更加自然，最后调整照片的颜色饱和度，突显民族风潮的手链。

示例 突显民族风潮的串珠手链

● 难易指数 ★★★★

● 技术要点 ┃ 仿制图章工具去修复光斑
┃ 修补工具去除磨痕
┃ "套索工具"创建选区
┃ "色彩平衡"命令修饰色彩

实例 文件 | **素材\10\03.jpg**
源文件\10\突显民族风潮的串珠手链.psd

 **单击取样图像**

打开素材**\10\03.jpg**素材文件，复制"背景"图层，选择"仿制图章工具"，在选项栏中设置"不透明度"为29%，在干净的图像区域上按下**Alt**并单击，取样图像，然后在珠子上的反光位置涂抹。

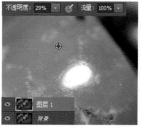
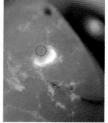

Step02 单击并涂抹

按下键盘中的[键或]键，调整画笔笔触大小，反复在珠子上的反光位置涂抹，修复珠子上面的强烈反光，得到更为自然的画面效果。

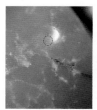

Step 03 复制并修补图像

复制"图层1"图层,得到"图层1拷贝"图层,选择工具箱中的"修补工具",在珠子上的瑕疵位置单击并拖曳鼠标,创建选区。

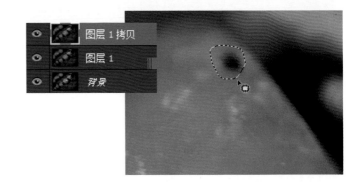

Step 04 修复图像中的瑕疵

将选区中的图像拖曳至干净的珠子上面,当拖曳至合适的位置后,释放鼠标,修复珠子上面的瑕疵,继续使用同样的方法,对手链上的瑕疵加以修复,修复完成后,按下快捷键Ctrl+Shift+Alt+E,盖印图层,得到"图层2"图层。

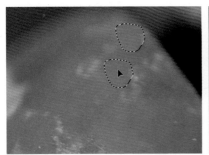
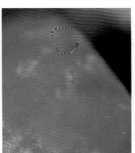
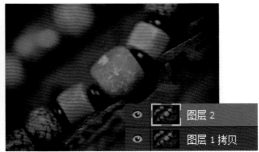

技巧01 设置用于修补的多个选区

使用"修补工具"修复照片中的瑕疵时,可以对要修补的图像范围进行自由的调整。在"修补工具"选项栏中设置了"新选区" ■、"添加到选区" ■、"从选区减去" ■、"与选区交叉" ■四个选择方式按钮,运用"修补工具"在画面中绘制选区后,可以结合这些按钮,对要修补的图像范围进行更改。

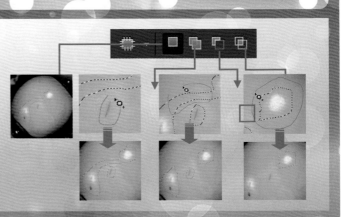

Step 05 设置滤镜去除杂色

修复商品瑕疵后，按下快捷键**Ctrl+Shift+Alt+E**，盖印图层，执行"滤镜>杂色>减少杂色"对话框，在对话框中输入"强度"为**2**，"保留细节"为**13**，"减少杂色"为**19**，"锐化细节"为**15**，输入后单击"确定"按钮，应用滤镜去除照片中的杂色。

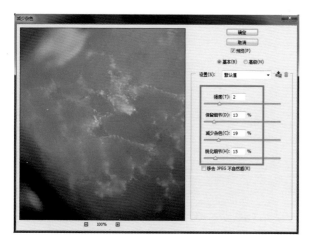

Step 06 复制图层锐化图像

按下快捷键**Ctrl+J**，复制"图层2"图层，得到"图层2拷贝"图层，将此图层的混合模式更改为"叠加"，执行"滤镜>其他>高反差保留"菜单命令，打开"高反差保留"对话框，在对话框中输入"半径"为**5.0**，单击"确定"按钮，锐化图像。

Step 07 平衡选区内的颜色

选择"套索工具"，在选项栏中设置"羽化"值为**30**像素，在颜色不均匀的珠子上方单击并拖曳鼠标，创建选区，新建"色彩平衡"调整图层，打开"属性"面板，在面板中选择"阴影"选项，输入颜色值为**+15**、**−3**、**+1**，选择"高光"选项，输入颜色值为**0**、**+4**、**+3**，选择"中间调"选项，输入颜色值为**−1**、**+5**、**+2**。

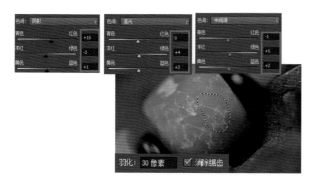

Step 08 设置"选取颜色"

新建"选取颜色"调整图层，打开"属性"面板，在面板中选择"绿色"选项，输入颜色比为**+79**、**−18**、**+44**、**+36**。

Step 09 设置"色阶"

新建"色阶"调整图层，打开"属性"面板，在面板中将灰色滑块拖曳至**0.76**位置，拖曳后降低图像中间调部分的图像亮度。

Step ⑩ 平衡照片各部分颜色

单击"调整"面板中的"色彩平衡"按钮，新建"色彩平衡"调整图层，打开"属性"面板，在面板中选择"阴影"选项，输入颜色值为−12、0、+2，选择"高光"选项，输入颜色值为+2、0、−23，选择"中间调"选项，输入颜色值为−3、0、+5。

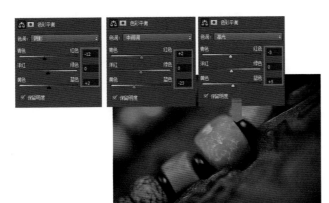

技巧02 保留明度平衡色彩

在使用"色彩平衡"命令对照片的颜色进行调整的过程中，勾选"保留明度"复选框后可以防止图像的亮度值随着颜色的更改而发生变化，它可以保持图像的色调平衡，如果未对其进行勾选，调整后的效果将会出现一定的差异。

Step ⑪ 设置"色相\饱和度"

为了让商品的颜色更为鲜艳，创建"色相\饱和度"调整图层，打开"属性"面板，在面板中选择"黄色"，输入"饱和度"为−26，选择"绿色"，输入"饱和度"为+9，选择"红色"选项，输入"色相"为−1，"饱和度"为+17，选择"青色"选项，输入"色相"为−14，"饱和度"为+51，选择"全图"，输入"色相"为−6，"饱和度"为+21。

10.4 韩版气质时尚可爱耳饰

韩式风格的耳饰大多数都精致小巧，给人一种甜美、可爱的感觉。在处理韩式风格的耳饰时，可以先将照片中多余图像裁剪掉，突出商品主体，再用"曲线"等命令提高背景图像的亮度，展现明亮的画面效果，最后在耳饰上添加图案纹理，呈现出可爱的精美耳饰。

专家提点 拍摄出璀璨的小饰品

钻石、水晶饰品经过后期处理会形成许多的切割面，在拍摄时为了得到璀璨的效果，可以在布光上选用补光的方法，打出不同面的明度和不同棱边的高光，使各棱边产生清晰的光亮，从而形成明亮的光线拍射效果。

示例 韩版气质时尚可爱耳饰

- **难易指数** ★★★★
- **技术要点** Camera Raw滤镜去除彩色噪点
  - 仿制图章工具去除饰品反光
  - 填充纯色修复瑕疵
  - 自定形状工具为饰品添加纹理

实例文件	素材\10\04.jpg
	源文件\10\韩版气质时尚可爱耳饰.psd

Step 01 裁剪多余图像

打开素材\10\04.jpg素材文件，选择"裁剪工具"，在图像上单击并拖曳鼠标，绘制一个裁剪框，对多余的背景进行裁剪。

Step 02 去除彩色噪点

裁剪图像后将"背景"图层转换为"图层0"图层，复制此图层，得到"图层0拷贝"图层，执行"滤镜>Camera Raw滤镜"菜单命令，在打开的对话框中单击右侧的"细节"按钮，设置"颜色"为50，"颜色细节"为11，单击"确定"按钮，去除彩色噪点。

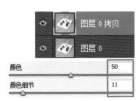

Step 03 仿制修复图像

选择"仿制图章工具"，在选项栏中设置"不透明度"为50%，按下Alt键在耳环中的红色部分单击，取样图像，然后反光的图像上涂抹，修复图像，继续使用"仿制图章工具"修复照片中明显的饰品反光。

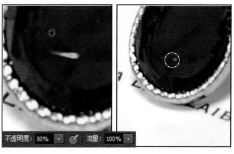

Step 04 复制图层

盖印图层，得到"图层1"图层，按下快捷键Ctrl+J，复制图层，得到"图层1拷贝"图层，将该图层混合模式设置为"滤色"，提亮画面，再运用图层蒙版还原饰品的明亮度。

Step 05 设置"曲线"调整明暗

按下Ctrl键不放，单击"图层1拷贝"图层蒙版，载入蒙版选区，新建"曲线"调整图层，并在"属性"面板中单击并向上拖曳曲线，提高选区内的图像亮度，让背景变得更加的明亮。

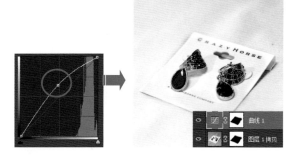

Step 06 降低饱和度去除杂色

新建"色相\饱和度"调整图层，打开"属性"面板，在面板中选择"蓝色"，将"饱和度"滑块拖曳至−100位置，再选择"青色"，将"饱和度"滑块拖曳至−100位置，设置后，去除了照片中的杂色。

Step ⓸ 用色阶调整对比

选择"套索工具",在选项栏中设置"羽化"值为2像素,在吊坠位置单击并拖曳鼠标,创建选区,新建"色阶"调整图层,并在"属性"面板中输入色阶为11、1.87、234,调整选区内的图像对比效果。

 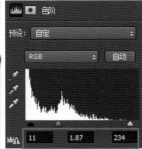

Step ⓾ 设置并填充颜色

选用"套索工具"再次创建选区,新建"颜色填充2"调整图层,设置填充色为R147、G15、B16,选中"颜色填充2"调整图层,将图层混合模式设置为"柔光",调整选区内的图像颜色。

Step ⓸ 设置并填充颜色

选择"套索工具",在选项栏中设置"羽化"值恢复为0像素,在左侧的吊坠位置创建选区,新建"颜色填充1"调整图层,设置填充色为R177、G99、B60,选中"颜色填充1"调整图层,将图层混合模式设置为"强光","不透明度"为87%,增强选区颜色。

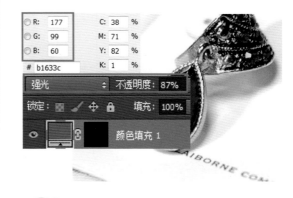

Step ⓾ 填充颜色修饰图像

继续使用同样的方法,再运用"颜色填充"图层,对耳环其他部分的颜色进行润饰,让整个饰品的颜色变得更加的亮丽。

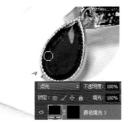 

Step ⑪ 选择并绘制图形

选择"自定形状工具",在选项栏中单击"形状"下拉按钮,在"形状"拾色器中单击选择"拼贴4"形状,创建新图层,在耳环坠子位置绘制图案,并适当调整图像的大小和位置。

Step⑫ 绘制更多图形

复制三个白色的图形，分别调整至适合的位置，再将这些图层所在的图层选中，按下快捷键Ctrl+Shift+Alt+E，盖印选中图层，命名为"图层2"图层，将图层混合模式设置为"柔光"，"不透明度"为72%，添加蒙版，将超出耳环部分图像隐藏起来。

Step⑬ 设置"描边"样式

双击"图层2"图层，打开"图层样式"对话框，在对话框单击"描边"样式，然后设置描边颜色为白色，"不透明度"为22，其他参数值不变，单击"确定"按钮。

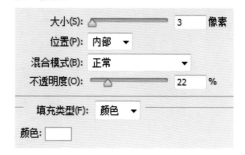

Step⑭ 复制图形

复制"图层2"图层，得到"图层2拷贝"图层，将复制图像移至另一个坠子位置，再将"不透明度"设置为75%，运用画笔调整蒙版范围，将复制图案叠加于饰品上方。

Step⑮ 绘制边框设置文字属性

选择"矩形工具"，沿图像边缘绘制白色矩形，再单击"路径操作"按钮，单击"减去顶层形状"，继续绘制图形，得到边框效果，打开"字符"面板，在面板中设置文字属性。

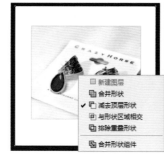

Step⑯ 输入文字

用"横排文字工具"在图像右下角输入文字，按下快捷键Ctrl+T，旋转文字效果，继续结合"横排文字工具"和"字符"面板，在画面中完成更多文字的添加。

10.5 时尚大气的太阳眼镜

太阳眼镜是炎炎夏日必备的装饰与保护用品，其镜片根据人们的喜好而设计出了不同的颜色，在后期处理时，为了表现时尚大气的太阳眼镜，可以运用"色彩范围"命令分别选择眼镜和背景部分，调整其亮度，增强画面的对比效果，再运用"矩形工具"在照片中上绘制不同颜色的矩形图案，将这些绘制矩形叠加于眼镜上方，突出太阳眼镜颜色多变的特点，使商品更具有设计美感。

示例 时尚大气的太阳眼镜

● 难易指数 ★★★☆

● 技术要点
  - 选框工具填补图像
  - 污点修复画笔工具去除灰尘
  - "色彩范围"选取图像
  - 矩形工具绘制多彩背景

实例文件
  素材\10\05.jpg
  源文件\10\时尚大气的太阳眼镜.psd

Step 01 调整选区

打开素材\10\05.jpg素材文件，选用"裁剪工具"裁剪图像，在画面下方单击并拖曳鼠标，绘制选区，按下快捷键Ctrl+T，打开自由变换编辑框，单击并拖曳编辑框，调整图像大小，填满图像。

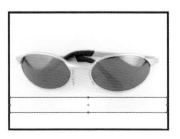

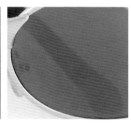

Step 02 单击取样图像

单击工具箱中的"污点修复画笔工具"按钮，在镜片上的灰尘上方单击，去除该位置的灰尘，继续使用相同的方法，去除镜片上其他的明显灰尘。

 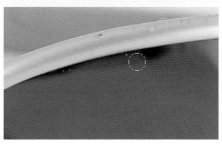

Step03 涂抹并修复图像

选择"仿制图章工具"，按下 Alt键不放，在干净的镜片位置单击，取样图像，然后在镜片边缘的暗影位置涂抹。

Step04 仿制修复图像

继续使用"仿制图章工具"对眼镜上的暗影及污渍进行处理，修复眼镜上的瑕疵。

Step05 用套索工具抠出图像

选择"磁性套索工具"，单击选项栏中的"添加到选区"按钮，设置"羽化"值为1像素，沿画面中的镜片边缘单击并拖曳鼠标，创建选区，再复制选区内的图像，执行"滤镜 > 模糊 > 表面模糊"菜单命令，打开"表面模糊"对话框，在对话框中设置选项，模糊图像。

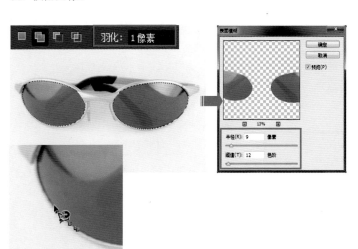

技巧501 查看并定义仿制源

运用"仿制图章工具"修复照片中的瑕疵时，可以利用"仿制源"面板查看设置的仿制源的位移值，帮助我们完成更精细的图像修复操作。单击"仿制图章工具"选项栏中的"切换仿制源"按钮，可打开"仿制源"面板，此时在图像中移动，在面板中的参数值也会发会相应的变化。

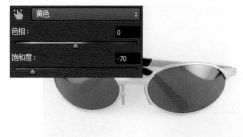

Step06 调整图像饱和度

新建"色相\饱和度"调整图层，并在"属性"面板中选择"黄色"选项，将"饱和度"滑块拖曳至−70位置，去除照片中的黄色。

Step07 根据颜色范围创建选区

单击"背景"图层，执行"选择>色彩范围"菜单命令，打开"色彩范围"对话框，在对话框中设置"颜色容差"为**109**，在眼镜后方的背景中单击，设置选择范围，创建选区。

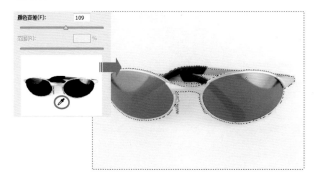

Step09 载入选区调整明暗

再次使用同样的方法，创建选区，执行"选择>反向"菜单命令，反选选区，新建"色阶"调整图层，并在"属性"面板中输入色阶值为**22**、**0.86**、**248**，设置后盖印图层。

Step11 调整图形

选中绘制的蓝色矩形，按下快捷键**Ctrl+T**，打开自由变换编辑框，对图形进行旋转操作。

Step08 用曲线提亮画面

新建"曲线"调整图层，并在"属性"面板中单击并向上拖曳曲线，提高选区内的背景亮度，再运用黑色画笔在眼镜架上涂抹，还原图像亮度。

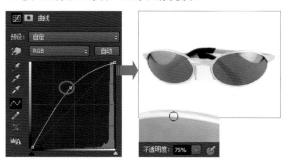

Step10 绘制图形

设置前景色为**R14**、**G180**、**B213**，新建"图案1"图层组，选用"矩形工具"，在"矩形工具"选项栏中将绘制方式设置为"形状"，然后在画面中绘制一个蓝色的矩形。

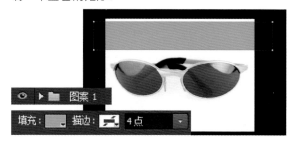

技巧**02** **选择装饰图案的绘制模式**

　　运用图形绘制工具在为商品图像添加装饰性图形前，需要对图形绘制方式进行设置。在形状工具选项栏中提供了"绘制方式"选项，单击该选项右侧的下拉按钮，会显示出"形状""路径"和"像素"三种不同的绘制方式，分别用于形状图层、路径和图形的绘制。

Step⑫ 绘制更多图形

盖印图层，并复制多个蓝色矩形，再根据画面需要，将复制的矩形填充为不同的颜色，选中"图案1"图层组，将图层组混合模式设置为"线性加深"。

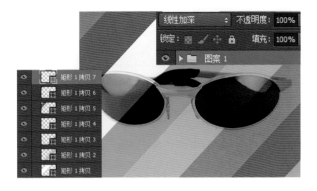

Step⑬ 载入选区复制图像

按下Ctrl键不放，单击"色阶1"图层蒙版，载入选区，单击"图层2"图层，按下快捷键Ctrl+J，复制选区内的图像，得到"图层3"图层，将"图层3"图层移至最上层，设置混合模式为"柔光"，"不透明度"为80%。

Step⑭ 调整属性输入文字

选择"横排文字工具"，打开"字符"面板，在面板中设置要输入的文字属性，新建"文字"图层组，根据设置的文字属性，在眼镜下方单击并输入文字。

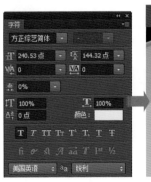

Step⑮ 设置文字样式

双击文字图层，打开"图层样式"对话框，在对话框中单击"投影"样式，设置投影选项，单击"确定"按钮，为输入的文字添加投影效果。

Step⑯ 添加文字及图形

继续使用同样的方法在画面中输入更多的文字，然后为其添加投影，最后在画面左上角绘制一个红色矩形，在绘制的矩形上方输入白色的文字，制作出更加完整的版面效果。

10.6 借助暗调表现手表的品质感

现在的大多数手表均采用金属材料制作，在后期处理时，为了表现手表的质感，可以将画面的整体色调调整为暗调效果，先运用"钢笔工具"把手表对象从原照片中抠取出来，然后为抠出的图像添加黑色的背景，再通过降低商品的颜色饱和度，并利用"色彩平衡"命令对照片颜色进行处理，打造出高品质的精美手表。

示例 借助暗调表现手表的品质感

● 难易指数 ★★☆☆

● 技术要点
- 裁剪图像变换构图
- 钢笔工具抠取图像
- "色相\饱和度"命令转换黑白效果
- "色彩平衡"为图像着色

实例文件
素材\10\06.jpg
源文件\10\借助暗调表现手表的品质感.psd

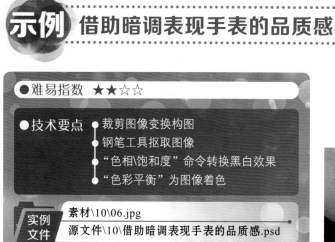

Step01 调整照片构图

打开素材\10\06.jpg素材文件，选用"裁剪工具"在照片中绘制裁剪框，单击"提交当前裁剪操作"按钮，裁剪照片，将照片转换为纵向构图。

Step02 根据路径创建选区

选用"钢笔工具"沿画面中的手表对象单击并绘制出工作路径，右击绘制的路径，在弹出的菜单中执行"建立选区"命令，打开"建立选区"对话框，在对话框中输入"羽化半径"值为2，单击"确定"按钮，创建选区。

Step 03 抠出图像填充背景

按下快捷键Ctrl+J，复制选区内的图像，得到"图层1"图层，抠出手表对象，然后在"图层1"下新建"图层2"图层，并将此图层的填充为黑色，让画面变得更简洁。

Step 04 编辑蒙版拼合图像

为"图层1"图层添加图层蒙版，选择"画笔工具"，设置前景色为黑色，在手表边缘位置涂抹，隐藏部分图像，经过反复的涂抹操作，让抠出的手表与背景自然融合在一起。

Step 05 修复商品瑕疵

选用"污点修复画笔工具"在手表上的污点、瑕疵位置单击，修复手表上的明显瑕疵，得到更完美的手表对象。

Step 06 应用图层蒙版

复制"图层1"图层，得到"图层1拷贝"图层，右击"图层1拷贝"图层蒙版，在弹出的菜单中执行"应用图层蒙版"命令，应用图层蒙版。

Step07 锐化图像

将"图层1拷贝"图层混合模式设置为"叠加",执行"滤镜>其他>高反差保留"菜单命令,在打开的对话框中设置参数,单击"确定"按钮,锐化图像,得到更清晰的手表效果。

技巧 用"半径"调整锐化程度

"高反差保留"滤镜可将照片中明暗差别或色彩差别较大的图像保留下来,而将其他的图像以灰色的图像进行显示,它适合于边缘区域的颜色和对比不明显的照片的锐化处理。执行"高反差保留"滤镜时,Photoshop将自动对图像的边缘进行查找,用户可以利用半径来控制图像边缘的宽度,参数越大,边缘就越宽。

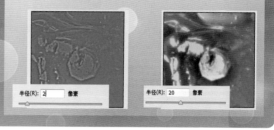

Step08 编辑图层蒙版

为"图层1拷贝"图层添加图层蒙版,选择"画笔工具",设置前景色为黑色,在表带位置涂抹,调整锐化的图像范围。

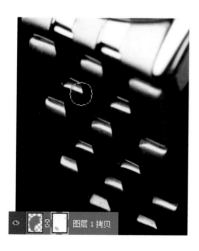

Step09 选择图像填充颜色

单击"背景"图层,执行"选择>色彩范围"菜单命令,打开"色彩范围"对话框,在对话框中选择"高光"选项,单击"确定"按钮,创建选区,选中画面中的高光部分,新建"颜色填充1"调整图层,设置填充色为R223、G223、B223,选择"颜色填充1"调整图层,将图层混合模式设置为"正片叠底",修复较亮的镜面反光。

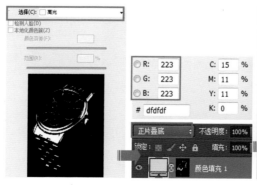

Step⑩ 降低饱和度

新建"色相\饱和度"调整图层,打开"属性"面板,在面板中将"饱和度"滑块拖曳至−100位置,降低饱和度,去掉照片中的颜色。

Step⑪ 设置"色彩平衡"

新建"色彩平衡"调整图层,打开"属性"面板,在面板中选择"中间调"选项,输入颜色值为−26、0、+22,选择"阴影"选项,输入颜色值为+6、0、−3,选择"高光"选项,输入颜色值为−3、0、+3,设置后平衡照片色彩,得到单色调画面效果。

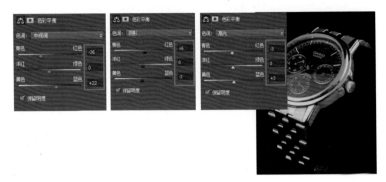

Step⑬ 编辑图层蒙版

单击"颜色填充1"图层蒙版,载入选区,再单击"色阶1"图层蒙版,设置前景色为R72、G80、B89,按下快捷键Alt+Delete,将选区填充为设置的颜色,再运用黑色画笔在左下角的表带位置涂抹,调整色阶范围,最后添加合适的文字。

Step⑫ 设置"色阶"增强对比

新建"色阶"调整图层,打开"属性"面板,在面板中单击"预设"下拉按钮,在打开的下拉列表中选择"增加对比度2"选项,增强画面对比效果。

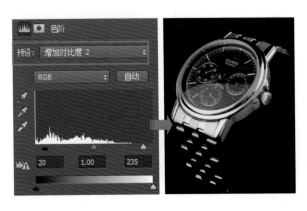

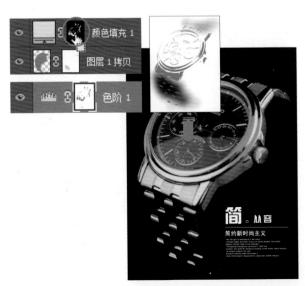

Chapter 手机数码 11

随着科技时代的不断发展，各式手机和数码产品与人们的日常生活联系也变得日益紧密。在对手机及数码商品进行处理时，会根据手机、数码产品要突出表现的特征或性能着重处理，通过对照片细节编辑与调整，向观者更为全面地展示商品主要特点、作用等。在本章中，会为读者介绍几类常见的手机、数码产品的具体处理方法，读者通过对本章的学习，可以掌握更多的手机和数码产品的处理技法，创建更完美的商品照片。

本章重点

- 整洁背景展现手机
- 轻薄的平板电脑
- 力求品质的相机镜头
- 精致小巧的MP3播放器
- 时尚的果绿色小鼠标

11.1 整洁背景展现手机

在未开启手机时，手机屏幕均显示为黑色，如果选择黑色背景进行拍摄，则会让手机与背景融合在一起，后期处理时，可以将手机从黑色背景中抠出，填充上一个反差较大的背景色，然后用一个全新UI界面替换黑色的屏幕，使手机更接近于实物效果。

专家提点 低角度拍摄表现手机的立体感

拍摄手机时，不同的拍摄角度会使画面呈现不同的视觉效果，如果想要表现出手机的立体感，可以适当降低相机的高度，采用低角度拍摄，使拍摄出来的手机有更强的立体效果。

示例 整洁背景展现手机

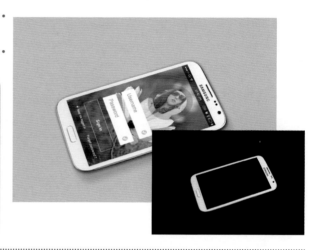

● 难易指数 ★★★☆

● 技术要点
"扩展"命令扩大选区边缘
"多边形套索工具"选择图像
调整"色相\饱和度"减弱色溢

实例文件
素材\11\01、02.jpg
源文件\11\整洁背景展现手机.psd

Step01 旋转画布

打开素材\11\01.jpg素材文件，选择背景图层，执行"图像>图像旋转>90度（顺时针）"菜单命令，旋转画面。

180 度(1)
90 度(顺时针)(9)
90 度(逆时针)(0)
任意角度(A)...

Step02 抠出商品

按选择"背景"图层，按下快捷键Ctrl+J，复制图像得到"图层1"图层，选择工具箱中的"钢笔工具"沿手机边缘绘制路径，将路径转换为选区后复制选区图像，得到"图层2"图层。

图层 2
图层 1
背景

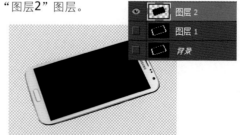

Step 03 修复边缘锯齿

选择"图层2"图层，用"多边形套索工具"勾出手机边缘的残留背景，并按Delete键删除。

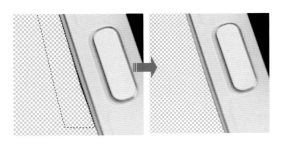

Step 04 调整照片构图

选择工具箱中的"裁剪工具"，拖曳出一个矩形裁剪框，向外等比放大裁剪框，双击画面确定裁剪，调整画面的整体构图。

Step 05 填充背景图层

新建一个透明图层为"图层3"图层，并设置前景色为R204、G204、B204，执行"编辑>填充"菜单命令，为"图层3"填充前景色。

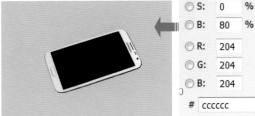

Step 06 填充阴影

选择"图层2"图层，按住Ctrl键载入选区，执行"选择>修改>扩展"菜单命令，输入"扩展量"为8像素，"羽化"值为20像素，新建"图层4"图层，设置前景色为黑色，为选区填充黑色。

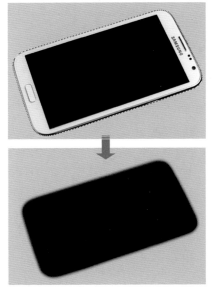

Step 07 微调阴影的位置和浓度

在"图层"面板中，选择"图层4"图层，拖曳该图层至"图层2"下方，并将图层"不透明度"设置为60%。

Step 08 补充柔和的阴影效果

按下快捷键Shift+Ctrl+Alt+N，新建图层，得到"图层5"图层，用工具箱中的"多边形套索工具"勾出一个选区，设置"羽化"值50像素，并填充黑色，更改图层"不透明度"为20%。

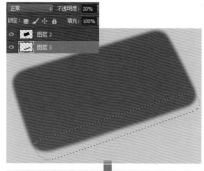

Step 09 选出产品的黑边

选择"图层2"图层，按住Ctrl键载入选区，用工具箱中的"多边形套索工具"，选择"从选区减去"，勾出不需要的部分从选区减去，将剩余的轮廓边缘图像复制并粘贴到新的图层。

Step 10 减弱色溢

选择"图层6"图层，执行"图像 > 调整 > 色相\饱和度"菜单命令，设置"明度"为+25，减弱手机底部的黑色色溢。

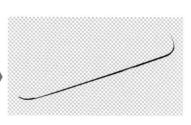

Step 11 添加界面效果

选择"图层2"图层，按住Ctrl键载入选区，按下快捷键Ctrl+M调整亮度，打开素材\11\02.jpg素材文件，使用自由变换调整到合适位置。

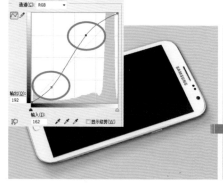

11.2 轻薄的平板电脑

拍摄平板电脑时，经常会因为拍摄角度的问题导致拍摄出来的平板电脑透视角度出现问题，本实例中原照片因拍摄时处理不当，图像中的平板电脑出现了轻微的变形，在处理时将这两个平板电脑素材添加至一个文件中，然后把要表现的平板电脑从原图像中抠出，利用自由变换的方式对图像的透视角度进行调整，使得处理后的图像更接近于人眼所观察的效果，让观者从图像中能更清楚地了解商品特点。

示例 轻薄的平板电脑

● **难易指数** ★★★☆

● **技术要点**
- "修改边界"命令去除黑边
- 滤镜打造低调金属拉丝背景
- 制作金属质感高光

实例文件
素材\11\03~05.jpg
源文件\11\轻薄的平板电脑.psd

Step 01 复制背景图层

打开素材**\11\03.jpg**素材文件，选择背景图层，按下快捷键**Ctrl+J**复制，得到"图层1"图层。

Step 02 抠出商品

选择"图层1"图层，用工具箱中的"钢笔工具"勾出产品的轮廓，按下快捷键**Ctrl+Enter**转换为选区并拷贝，得到"图层2"图层。

Step 03 修复选区黑边

按住Ctrl键选择"图层2"图层载入选区，执行"选择>修改>边界"菜单命令，在对话框中输入"宽度"为2，确定后按Delete键删除。

Step 04 调整透视关系

按住Ctrl键选择"图层2"图层，并载入选区，按下快捷键Ctrl+T自由变换，按住Ctrl键拖曳对角选框，调整产品的透视关系。

Step 05 适当调整明暗

选择"图层2"图层，执行"图像>调整>曲线"菜单命令，在对话框中添加控制点并拖曳鼠标调整曲线。

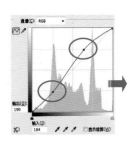

技巧　更改商品透视关系

在处理商品照片时，经常需要对物品的透视角度进行调整，除可以按下快捷键Ctrl+T，打开自由变换框进行设置外，也可以选中图像后，执行"编辑>变换>透视"菜单命令，打开透视编辑框，拖曳编辑框上的控制点，调整图像的透视关系。

Step 06 添加显示画面图

置入素材\11\04.jpg素材文件，得到04图层，右击"图层04"图层，在弹出的快捷菜单中执行"栅格化图层"菜单命令，栅格化图层，按下快捷键Ctrl+T调整图像至合适大小。

Step07 裁剪画面

选择工具箱中的"裁剪工具"，拖曳出一个矩形裁剪框，双击画面确定。

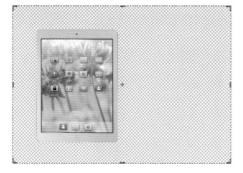

Step08 置入图像

打开素材\11\05.jpg素材文件，将打开的图像复制到编辑后的03图像右侧。

Step09 绘制路径选择图像

选择工具箱中的"钢笔工具"沿平板电脑绘制路径并将其转换为选区，执行"选择>反相"菜单命令，删除黑色的背景，按下快捷键Ctrl+T，打开自由变换编辑框，按下Ctrl键不放，单击并拖曳编辑框四角的控制点，调整透视角度。

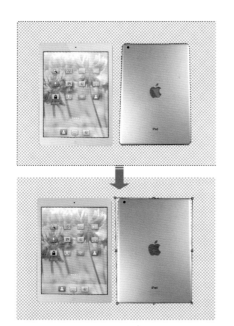

Step10 调整亮度

执行"图像>调整>曲线"菜单命令，调整曲线，提亮画面。

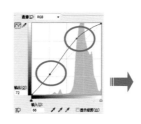

Step11 去除偏色

执行"图像>调整>色相饱和度"菜单命令，拖动滑块，设置"饱和度"为−100。

Step 12 填充背景色

在"图层2"图层
下方新建"图层
3"图层，设置
前景色为R40、
G40、B40，执行
"编辑>填充"菜
单命令，将"图层
3"填充深灰色。

Step 14 为背景添加拉丝纹理

执行"滤镜>模糊
>动感模糊"菜单
命令，设置"角
度"为0，"距
离"为100。

Step 13 为背景添加杂色

选择"图层3"图层，执行"滤镜>杂色
>添加杂色"菜单命令，打开"添加杂
色"对话框，在对话框中设置"数量"
为30，选择"高斯分布"，勾选"单
色"复选框。

Step 15 色阶命令加强背景纹理

选择"裁剪工具"，在画面中创建裁剪框，裁剪掉画面边缘的多余部分，单击"调整"面板中的"色阶"按钮，
在"图层4"图层上方创建一个"色阶"调整图层，打开"属性"面板，在面板中将黑色滑块拖曳至26位置，将白
色滑块拖曳至242位置，根据设置的色阶，调整图像，增强对比效果。

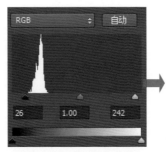

Step 16 创建选区填充颜色

新建"图层5"图层,选择"多边形套索工具",在图像上绘制选区,设置前景色为白色,执行"编辑>填充"菜单命令,将选区填充白色。

Step 17 绘制选区删除选区图像

选择"图层4"图层,设置图层"不透明度"为20%,选择工具箱中的"矩形选框工具",选中白色区域的下半部分,按下快捷键Shift+F6羽化选区,设置"羽化半径"值为45,并按Delete键,删除选区内的白色图像。

Step 18 复制图像

选择"图层5"图层,按下快捷键Ctrl+J,复制得到"图层5拷贝"图层,移动到产品的logo位置,用自由变换工具缩放到合适大小,并用橡皮擦擦除多余部分。

Step 19 增强亮度对比度

单击"调整"面板中的"亮度\对比度"按钮 ,新建"亮度\对比度"调整图层,打开"属性"面板,设置"亮度"为5,"对比度"为15。

11.3 力求品质的相机镜头

在表现相机镜头时，为了让镜头表现出更高的品质感，在后期处理时，可以先将在相机镜头抠取出来，对抠出的相机镜头，使用"曲线"调整背景明暗，提亮背景以突出图像中的相机镜头，再应用模糊滤镜对背景进行虚化处理，增强景深效果，呈现更加高端的品质效果。

专家提点 拍摄有质感的相机镜头

在拍摄相机镜头时，可以选择双光源对称照明方式进行拍摄，这样以完全对称方式拍摄镜头，会让相机镜头获得更充足的光照，同时也能避免画面中的相机镜头局部过暗或过亮的情况出现。

示例 力求品质的相机镜头

● 难易指数 ★★☆☆

● 技术要点
- "钢笔工具"抠出图像
- "表面模糊"滤镜模糊图像
- "色相\饱和度"命令创建局部黑白效果

实例文件	素材\11\06.07.jpg
	源文件\11\力求品质的相机镜头.psd

Step01 复制背景图层

打开素材\11\06.jpg素材文件，选择"图层1"图层，用工具箱中的"钢笔工具"沿商品的轮廓绘制路径，右击绘制的工作路径，在弹出的快捷菜单中执行"建立选区"命令，打开"建立选区"对话框，输入"羽化半径"为2，单击"确定"按钮，创建选区。

Step02 抠出商品去除杂色

按下快捷键Ctrl+J，复制选区内的图像，得到"图层1"图层，执行"滤镜>杂色>减少杂色"菜单命令，在打开的对话框中输入"强度"为10，"保留细节"为9，"减少杂色"为55，"锐化细节"为34，单击"确定"按钮，去除相机镜头上的明显杂色。

强度(T):	10	
保留细节(D):	9	%
减少杂色(C):	55	%
锐化细节(H):	34	%

图层 1

背景

Step 03 设置滤镜模糊图像

执行"滤镜>模糊>表面模糊"菜单命令，打开"表面模糊"对话框，在对话框中输入"半径"为7，"阈值"为5，单击"确定"按钮，模糊图像。

Step 04 调整选区

按下Ctrl键不放，单击"图层1"图层缩览图，将此图层载入选区，执行"选择>修改>收缩"菜单命令，打开"收缩选区"对话框，输入"收缩量"为1，单击"确定"按钮，收缩选区。

Step 05 添加图层蒙版

选择"图层1"图层，单击"图层"面板底部的"添加图层蒙版"按钮，为"图层1"图层添加蒙版，放大图像，查看到镜头边缘的多余图像被隐藏起来。

Step 06 设置"内阴影"样式

执行"图层>图层样式>内阴影"菜单命令，打开"图层样式"对话框，选中"内阴影"样式，设置混合模式为"变暗"，"不透明度"为62，"距离"为9，"大小"为49，单击"确定"按钮。

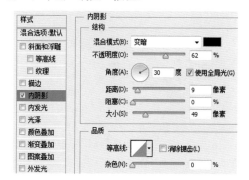

技巧　选区与蒙版的转换

　　运用选区创建工具在图像上创建选区后，单击工具箱中的"以快速蒙版模式编辑"按钮，会将选区外的图像显示为半透明的蒙版遮挡状态，此时运用黑色画笔在半透明的蒙版区域涂抹，单击"以标准模式编辑"按钮，退出快速蒙版后，被选择的对象范围会减小；运用白色画笔在半透明的蒙版区域涂抹，单击"以标准模式编辑"按钮，退出快速蒙版后，被选择的对象范围会扩大。

Step 07 选择并复制图像

为相机镜头添加内阴影效果，选择"套索工具"，在相机镜头上方单击并拖曳鼠标，创建选区，按下快捷键Ctrl+J，复制选区内的图像。

Step 09 添加图层蒙版

选中"图层2"图层，单击"图层"面板底部的"添加图层蒙版"按钮，为"图层2"图层添加蒙版，结合"渐变工具"和"画笔工具"对蒙版进行编辑，隐藏多余的图像。

Step 11 设置"色阶"增强对比

按下Ctrl键不放，单击"图层1"图层缩览图，载入选区，新建"色阶1"调整图层，在"属性"面板中输入色阶值为12、1.08、231，调整图像，增强对比。

Step 08 用滤镜模糊图像

将复制的图像移至镜头下方并适当地放大图像，执行"滤镜 > 模糊 > 高斯模糊"菜单命令，打开"高斯模糊"对话框，输入"半径"为8，单击"确定"按钮，模糊图像。

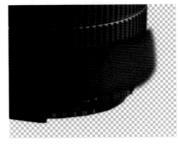

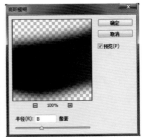

Step 10 去除明显灰尘

新建"图层3"图层，选择工具箱中的"污点修复画笔工具"，单击"内容识别"单选按钮，勾选"对所有图层取样"复选框，在镜头上的灰尘、污渍上单击，修复镜头瑕疵。

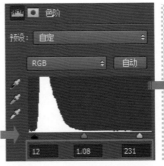

Step**12** 调整"色相\饱和度"

按下**Ctrl**键不放，单击"色阶1"图层蒙版，载入选区，新建"色相\饱和度1"调整图层，打开"属性"面板，选择"黄色"选项，将"饱和度"滑块移至-100位置，选择"青色"选项，将"饱和度"滑块移至-100位置，选择"蓝色"选项，将"饱和度"滑块移至-100位置，选择"绿色"选项，将"饱和度"滑块移至-100位置。

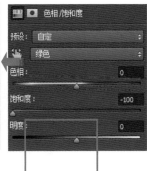

Step**13** 查看效果

返回图像窗口，根据设置的"色相\饱和度"选项，把图像转换为特殊的黑白效果，再适当调整相机镜头的大小。

Step**14** 盖印图像

按下**Shift**键不放，单击"图层1"和"色相\饱和度1"图层，选中在这两个图层间的所有图层，按下快捷键**Ctrl+Alt+E**，盖印选定图层，得到"色相\饱和度（合并）"图层，将此图层中的相机镜头图像移至画面另一侧。

Step**15** 添加背景和文字

打开素材\11\07.jpg素材文件，把打开的背景素材图像复制到相机镜头下方，得到"图层4"图层，适当调整背景的大小和位置后，选用"横排文字工具"在画面中输入文字。

精致小巧的MP3播放器

MP3播放器除了完美的音质可以吸引消费者外，精致的外观也是非常重要的因素。在后期处理时，为了让画面中的MP3播放器更为醒目、突出，可以对其背景进行提亮，利用强烈的明暗反差让画面中间的MP3播放器更有表现力，然后对要表现的MP3的亮度进行调整，使银灰色的MP3播放器看起来更有质感。

 精致小巧的MP3播放器

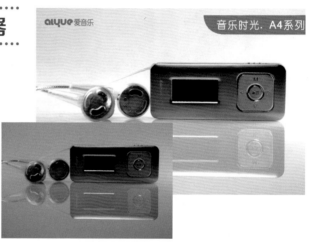

alyue 爱音乐　　音乐时光.A4系列

● 难易指数 ★★★☆

● 技术要点
- "自由变换"命令填充背景
- "曲线"命令减淡倒影
- 填充纯色制作播放屏幕

实例文件
素材\11\08.jpg
源文件\11\精致小巧的MP3播放器.psd

Step01 裁剪图像

打开素材\11\08.jpg素材文件，选择背景图层，按下快捷键Ctrl+J复制图层，得到"图层1"图层，选择工具箱中的"裁剪工具"裁剪画面，调整画面大小。

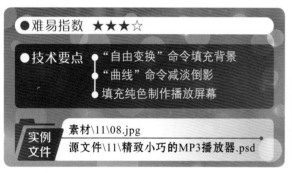

Step02 自由变换填充背景

选择"图层1"图层，用工具箱中的"矩形选框工具"框选画面的背景部分，按下快捷键Ctrl+T自由变换，拉伸填满画面。

Step⑬ 抠出产品

选择"图层1"图层，用工具箱中的"钢笔工具"勾出播放器的轮廓，按下快捷键**Ctrl+Enter**转换为选区，设置"羽化"值为5像素并拷贝，得到"图层2"图层。

Step⑭ 提亮产品

选择"图层2"图层，执行"图像 > 调整 > 曲线"菜单命令，添加控制点并拖曳曲线，提亮画面。

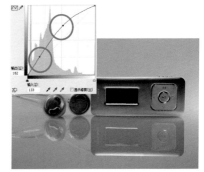

Step⑮ 使背景更明亮

选择"图层1"图层，执行"图像>调整>色阶"菜单命令，打开"色阶"对话框，在对话框中拖动滑块调整背景的亮度。

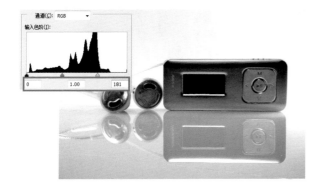

Step⑯ 减淡倒影

选择"图层1"图层，用"多边形套索工具"勾出播放器的倒影部分，按下快捷键**Ctrl+M**提亮，减淡倒影。

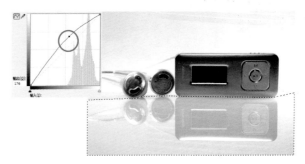

Step⑰ 制作 MP3 屏幕

按下快捷键**Ctrl+Shift+Alt+N**新建图层，用"多边形套索工具"勾出播放器的屏幕部分，设置前景色R15、G15、B187，并为选区填充前景色，最后绘制简单图案，添加文字效果。

技巧 **快速打开"色阶"对话框处理商品**

使用"色阶"命令调整商品明暗、对比时，除了可以执行"图像>调整>色阶"命令，打开"色阶"对话框外，也可以直接按下快捷键**Ctrl+L**，打开"色阶"对话框。

11.5 时尚的果绿色小鼠标

鼠标作为数码产品的外接设备，在外观和色彩的设计上也是越来越绚丽。拍摄鼠标时，拍摄者会选择一些陪体搭配，在后期处理时，为了突出鼠标可将陪体背景去除，然后替换为更符合其特质的背景，通过扭曲变形后得到绚丽的新背景，再为鼠标添加投影，使鼠标与背景融合得更自然。

 示例 时尚的果绿色小鼠标

● 难易指数 ★★★☆

● 技术要点
- "钢笔工具"抠取鼠标图像
- "套索工具"选择图像
- "扭曲"滤镜设置绚彩背景
- "色相/饱和度"创建单色效果

| 实例文件 | 素材\11\09、10.jpg |
| | 源文件\11\时尚的果绿色小鼠标.psd |

Step01 绘制路径转换为选区

打开素材\11\09.jpg素材文件，选用"钢笔工具"沿画面中的鼠标对象绘制封闭的工作路径，右击绘制的路径，执行"建立选区"命令，在弹出的对话框中输入"羽化半径"为1，建立选区。

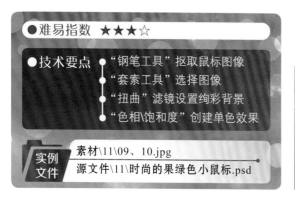

Step02 抠出图像去除划痕等

按下快捷键Ctrl+J，复制选区内的图像，单击"背景"图层前方的"指示图层可见性"按钮，隐藏"背景"图层，单击"图层1"图层，选用"污点修复画笔工具"去除瑕疵。

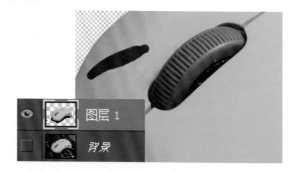

按下快捷键Ctrl+J，复制图层，执行"滤镜>杂色>减少杂色"菜单命令，打开"减少杂色"对话框，在对话框中输入各参数后，单击"确定"按钮，去除鼠标上的噪点。

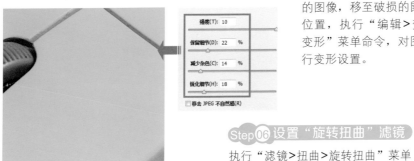

选择工具箱中的"套索工具"，在鼠标线位置单击并拖曳鼠标，创建选区，按下快捷键Ctrl+J，复制选区内的图像，移至破损的鼠标线位置，执行"编辑>变换>变形"菜单命令，对图像进行变形设置。

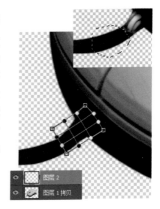

为"图层2"添加图层蒙版，运用黑色画笔编辑蒙版，将多余图像隐藏，打开随书光盘中的素材\11\10.jpg素材图像，将打开的图像复制到鼠标下方，然后适当调整图像大小。

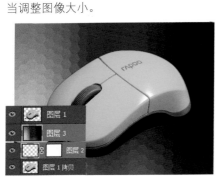

执行"滤镜>扭曲>旋转扭曲"菜单命令，打开"旋转扭曲"对话框，在对话框中将"角度"滑块向右拖曳至999位置，单击"确定"按钮，扭曲图像。

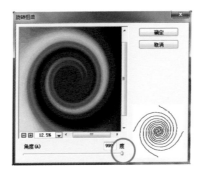

适当调整背景图像所在位置，再执行"滤镜>模糊>高斯模糊"菜单命令，打开"高斯模糊"对话框，输入"半径"为7.2，单击"确定"按钮，模糊图像。

新建"色相\饱和度1"调整图层，并在"属性"面板中勾选"着色"复选框，设置"色相"为93，"饱和度"为55，调整图像颜色，将背景也设置为绿色效果。

Step09 设置"投影"样式

双击"图层1"图层,打开"图层样式"对话框,在对话框中输入"不透明度"为77,"角度"为106,"距离"为22,"大小"为50,单击"确定"按钮,为鼠标添加投影。

Step11 设置"曲线"调整

按下Ctrl键不放,单击"图层1"图层,载入选区,新建"曲线"调整图层,打开"属性"对话框,在对话框中向下拖曳曲线,降低选区内的鼠标亮度。

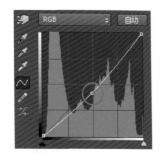

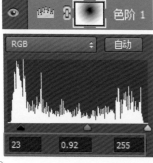

Step13 设置"色阶"

新建"色阶"调整图层,在"属性"面板中输入色阶值为23、0.92、255,调整图像亮度,再运用"渐变工具"从蒙版中心位置向外侧拖曳黑、白渐变,控制"色阶"调整范围。

Step10 分离样式与图层

右击"图层1"图层下方的样式名,在弹出的菜单中执行"创建图层"菜单命令,分离图层和投影图层,再为投影图层添加上蒙版,运用黑色画笔涂抹,将多余的投影隐藏起来。

Step12 使背景更明亮

按下Ctrl键不放,单击"曲线1"图层,载入选区,新建"色相\饱和度2"调整图层,在"属性"面板中选择"绿色",调整色相和饱和度。

Step14 反选选区提亮图像

按下Ctrl键不放,单击"色阶1"图层蒙版,载入选区,执行"选择>反向"菜单命令,反选选区,设置"曲线"提亮选区内的图像,最后添加简单的文字效果。

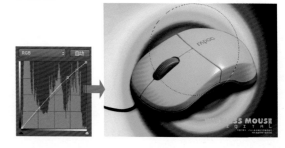

Chapter 12
家居及其他商品

　　商品所包含的种类繁多，除了前面介绍的服装、鞋子、包包以及数码产品几大类以外，还包含了家居、糖果、玩具等不同的商品类别。在对家居及其他一些商品进行处理时，需要观察画面的布局效果，对要表现的主体商品进行着重处理，通过抠出图像，调整图像影调，还原商品色彩，突出不同商品的特点与用途。在本章中，会为读者讲解家居及一些日常小物品的处理方法。

本 章 重 点

- 晶莹剔透的翡翠摆件
- 突出材质的便捷保温杯
- 巧用光影增强化妆品的质感
- 亮丽色彩表现超萌儿童玩具

晶莹剔透的翡翠摆件

许多家居摆件多选用翡翠制成，这类商品以晶莹剔透的色泽而吸引消费者，在这类商品的后期处理时，首先需要观察画面是否偏暗，如果较暗多会在图像上出现或多或少的噪点，所以要应用"减少杂色"滤镜去除杂色，然后结合"色相\饱和度"和"色阶"等命令，调整摆件的色彩和明亮度，使翡翠摆件变得更温润。

 晶莹剔透的翡翠摆件

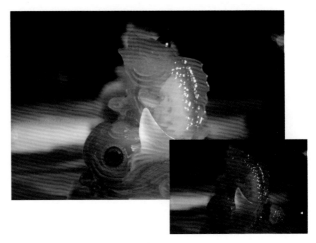

● 难易指数 ★★☆☆

● 技术要点
- "减少杂色"滤镜去除噪点
- "曲线"命令提亮画面
- "亮度\对比度"增强对比

实例文件
素材\12\01.jpg
源文件\12\晶莹剔透的翡翠摆件.psd

Step 01 复制图像去除部分反光

打开素材\12\01.jpg素材文件，按下快捷键Ctrl+J复制背景图层，得到"图层1"图层，选用"污点修复画笔工具"编辑图像，去除摆件上的部分反光。

Step 02 设置选项去除杂色

执行"滤镜>杂色>减少杂色"菜单命令，打开"减少杂色"对话框，在对话框中输入"强度"为10，"保留细节"为22，"减少杂色"为14，"锐化细节"为50，单击"确定"按钮，去除照片中的杂色。

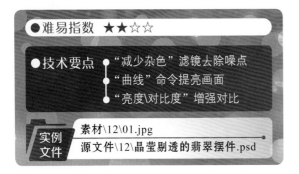

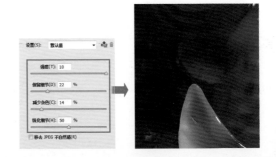

Step 03 根据"色彩范围"选取图像

执行"选择>色彩范围"菜单命令，打开"色彩范围"对话框，在对话框中运用"吸管工具"在较暗的翡翠位置单击，设置选择范围，再将"颜色容差"滑块拖曳至87位置，单击"确定"按钮，创建选区。

Step 04 调整"亮度\对比度"

新建"亮度\对比度1"调整图层，打开"属性"面板，在面板中输入"亮度"为14，"对比度"为38，根据设置参数，提高选区内的图像亮度，增强对比效果。

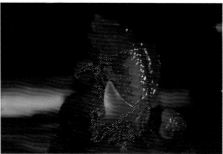

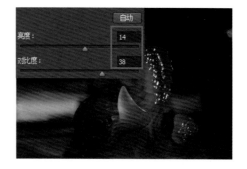

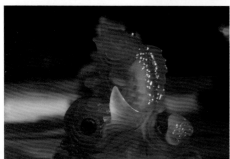

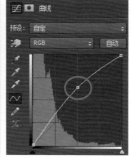

Step 05 设置"曲线"调整图像

新建"曲线"调整图层，打开"属性"面板，在面板中单击曲线，添加一个曲线控制点，向上拖曳该控制点，变换曲线形状，提高图像的亮度，使较暗的图像变得明亮。

Step 06 调整"色相\饱和度"增强色彩

新建"色相\饱和度"调整图层，并在打开的"属性"面板中将"饱和度"滑块拖曳至+24位置，选择"红色"选项，将"饱和度"滑块拖曳至+14位置，选择"绿色"选项，将"饱和度"滑块拖曳至17位置，选择"青色"选项，将"饱和度"滑块拖曳至−1位置，经过设置后翡翠颜色显得更加晶莹剔透。

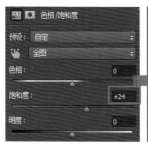

Step 07 编辑蒙版控制调整范围

单击"色相\饱和度1"图层蒙版，选择"渐变工具"，选择"黑、白渐变"，单击"径向渐变"按钮■，勾选"反向"复选框，从图像中间位置向右下角位置拖曳径向渐变，隐藏边缘部分的调整色。

Step 08 用"色阶"增强对比

按下Ctrl键不放，单击"色相\饱和度1"图层蒙版，载入选区，单击"调整"面板中的"色阶"按钮，新建"色阶"调整图层，在"属性"面板中输入色阶值分别为27、1.78、218，调整明暗增强对比效果。

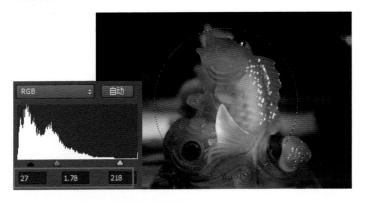

Step 09 进一步调整亮度和对比度

按下Ctrl键不放，单击"色阶1"图层蒙版，载入选区，单击"调整"面板中的"亮度\对比度"按钮，新建"亮度\对比度2"调整图层，并在"属性"面板中输入"亮度"为20，"对比度"为32。

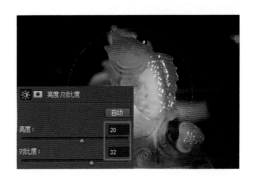

技巧 蒙版的载入与查看

在图像中创建调整图层后，为了使调整的范围更准确，通常都会对调整图层蒙版进行编辑，当编辑图层蒙版后，如果还需要对该区域中的对象应用其他色彩调整，可以将设置的调整图层蒙版载入选区。在Photoshop中，按下Ctrl键不放，单击对应的调整图层蒙版，就可以将该图层蒙版载入选区，如果要查看蒙版，则可以按下Alt键单击蒙版缩览图。

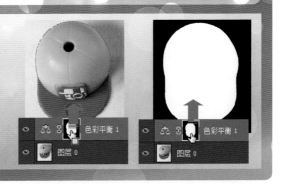

12.2 突出材质的便携保温杯

　　大多数保温杯选用不锈钢材质做成，这类商品在后期处理中，需要着重表现商品的材质特点。下面的实例中，通过抠取图像，分别对背景和杯子进行处理，增强画面对比效果，从而突出保温杯的材质特征，然后将保温杯复制，设置不同的颜色，呈现多样化的商品效果。

专家提点　避免金属物品的反光

　　在拍摄金属物品时，很容易因物体的反光导致拍摄出来的照片效果不理想。因此，可以尝试在相机镜头上加装偏光镜，对焦时旋转偏光镜头，使反光由亮变暗直至消失。

示例　突出材质的便携保温杯

● 难易指数 ★★★☆

● 技术要点
- "曲线"降低图像亮度
- 用选框工具制作渐变背景
- "动感模糊"命令使倒影更真实
- "色相\饱和度"命令变换色彩

实例文件
素材\12\02.jpg
源文件\12\突出材质的便携保温杯.psd

Step 01 "多边形套索"抠出水杯

打开素材\12\02.jpg素材文件，按下快捷键**Ctrl+J**复制背景图层得到"图层1"图层，用工具箱中的"多边形套索工具"绘制出杯子轮廓，并设置"羽化"值为2像素。

Step 02 调整曝光过度

按下快捷键**Ctrl+J**复制选区，得到"图层2"图层，执行"图像>调整>曲线"菜单命令，添加控制点拖曳鼠标，调整水杯的曝光过度。

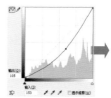

Step 03 裁剪画面

选择工具箱中的"裁剪工具"，拖曳图片的裁剪框到合适大小并双击确定，为背景留下更多空间。

Step 04 更改背景颜色

按下快捷键Ctrl+Shift+Alt+N新建空白图层，得到"图层3"图层，设置前景色为R224、G224、B224，执行"编辑>填充"菜单命令，填充"图层3"图层，将该图层调整至"图层2"下方。

Step 05 制作渐变背景

选择"图层3"图层，用工具箱中的"矩形选框工具"，绘制一个较大的矩形选区，选择"渐变工具"，选择由白色至透明的渐变效果，从图像上方往下拖曳线性渐变，制作渐变的背景效果。

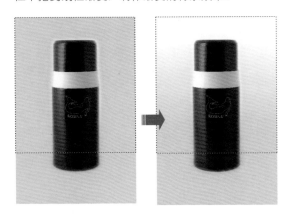

Step 06 更改背景颜色

选择"图层3"图层，按下快捷键Ctrl+Shift+I反选，反选选区，冉次使用"渐变工具"，在选区内从上到下拖曳由白色至透明的渐变效果。

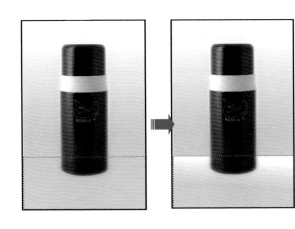

技巧 定义渐变色为商品填充渐变背景

使用"渐变工具"在商品上绘制渐变时，除了可以应用渐变样式列表中的预设渐变色外，也可以单击渐变条，打开"渐变编辑器"对话框，在对话框自定义渐变颜色并进行颜色的填充。

Step07 自由变换制作倒影

选择"图层2"图层，按下快捷键Ctrl+J复制得到"图层2拷贝"图层，执行"图像>图像旋转>垂直翻转画布"菜单命令，翻转图像。

Step08 动感模糊使倒影更真实

调整"图层2拷贝"图层至"图层2"图层下方，选择"图层2拷贝"图层，执行"滤镜>模糊>动感模糊"菜单命令，设置角度为0，"距离"为200，设置图层"不透明度"为30%。

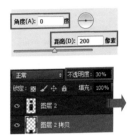

Step10 调整"曲线"提亮选区

选择"图层3"图层，用"多边形套索工具"沿着杯子的边缘绘制出选区，按下快捷键Shift+F6，设置"羽化"值为100像素，执行"图像>调整>曲线"菜单命令，打开"曲线"对话框，在对话框中向上调整曲线，调亮选区内的图像，得到更自然的效果。

Step09 设置"色阶"增强对比

选择"图层2"图层，执行"图像>调整>色阶"菜单命令，打开"色阶"对话框，在对话框中设置色阶值为0、0.73、242，调出明显的高光效果。

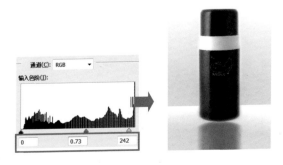

Step 11 调整图像的大小

执行"图像>图像大小"菜单命令，打开"图像大小"对话框，在对话框中将图像"宽度"设置为1600像素，"高度"设置为2400像素，设置后单击"确定"按钮。

Step 12 裁剪并扩展画布大小

选择"裁剪工具"对图像进行裁剪，扩展画布大小，选择"图层3"图层，按下快捷键Ctrl+T，打开自由变换编辑框，将此图层中的图像的大小进行调整。

Step 13 盖印并复制多个图像

盖印"图层2""图层2拷贝"和"图层2拷贝2"图层，得到"图层2（合并）"图层，再连续按两下快捷键Ctrl+J，复制图像，使用"移动工具"移动杯子，设置并排的保温杯效果。

Step 14 调出水杯颜色

按下Ctrl键不放，单击"图层2（合并）"图层缩览图，载入选区，新建"色相\饱和度1"调整图层，在"属性"面板中勾选"着色"复选框，调整色相和饱和度，变换选区颜色。

Step 15 调整颜色添加文字

继续使用同样的方法，创建"色相\饱和度2"和"色相\饱和度3"调整图层，调整另外两个杯子的颜色，最后添加简单的商品信息。

12.3 巧用光影增强化妆品的质感

化妆品的拍摄应选择较暗的环境，这样才能保留更多的商品细节，在后期处理时，可以将需要主要表现的产品单独抠出来，根据具体的情况，对抠出的图像的影调进行调整，让图像变得明亮，再为抠出的图像添加更适合的背景，使画面更加美观。

专家提点 用反光板拍摄白皙的化妆品

拍摄化妆品时，如果曝光过度，会导致产品细节的丢失，如果曝光不足，则会使画面显得不够干净，因此在拍摄时可以适当运用反光板，对商品局部稍微补一下光，使拍摄出来的画面既干净又很舒服。

示例 巧用光影增强化妆品的质感

● 难易指数 ★★★★

● 技术要点
复制通道调整图像
设置"色阶"提亮商品
设置"色相\饱和度"增强局部色彩

实例文件
素材\12\03、04.jpg
源文件\12\巧用光影增强化妆品的质感.psd

Step01 抠出化妆品

打开素材\12\03.jpg素材文件，用钢笔工具沿着化妆品轮廓连续单击，将路径转化为选区后，对选区设置"羽化"值为2像素，Crtl+J拷贝选区，得到"图层1"图层。

Step02 复制通道图层

打开"通道"面板，选择黑白层次对比较强烈的"绿通道"，单击右键在快捷菜单中选择"复制通道"菜单命令，得到"绿拷贝"通道。

Step03 用"曲线"调整对比

在"通道"面板中选中"绿拷贝"通道，执行"图像>调整>曲线"菜单命令或按下快捷键Ctrl+M，打开"曲线"对话框，在对话框中拖曳曲线，加强明暗对比。

221

Step 04 "黑白场"设置得到强对比画面

执行"图像>调整>色阶"菜单命令，打开"色阶"对话框，在对话框中对黑场与白场进行设置，选择"黑场"，在图层上任意点选取样，选择"白场"，在图像灰色部分单击，得到黑白分明的画面。

Step 05 擦出多余图像

设置前景色为白色，选择"画笔工具"，设置合适的画笔大小和浓度，显示所有隐藏的通道图层，在"绿拷贝"图层上涂抹，留出花朵，花朵边缘靠近化妆品的部分只需大概涂抹即可。

技巧 复制与删除通道编辑图像

在使用通道调整图像之前，一般都会涉及通道的复制操作。在复制的通道中调整明暗，不会影响到原图像效果，而直接在原通道中调整则会导致照片色彩发生变化。Photoshop中，要复制通道，只需要选中"通道"面板中要复制的颜色通道后，将其拖曳至"创建新通道"按钮，即可复制通道。

Step 06 载入图像选区

选择"绿拷贝"，隐藏其余的通道图层，按下Ctrl键不放，单击"绿拷贝"通道缩览图，将此通道中的图像载入选区。

Step 07 删除不需要的图像

返回"图层"面板，单击"图层1"图层，选择"橡皮擦工具"在花朵旁边的多余图像上涂抹，擦除涂抹区域的背景图像。

Step08 根据"色彩范围"选择图像

执行"选择>色彩范围"菜单命令,打开"色彩范围"对话框,在对话框中用"吸管工具"在花朵下方的背景处单击,调整选择范围,单击"确定"按钮,返回图像窗口,创建选区。

Step09 擦除更多不需要的图像

单击"图层1"图层,选择"橡皮擦工具"继续在花朵旁边的选区位置涂抹,把不需要的图像擦干净,抠出完整的图像效果。

Step10 设置图层样式

双击"图层1"图层,打开"图层样式"对话框,在对话框中分别选择"内发光"和"外发光"样式,然后对选择的样式选项进行设置,为抠出的化妆品添加自然的发光效果。

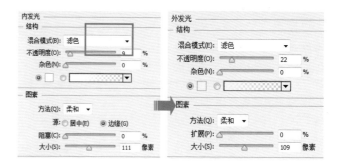

Step11 "USM 锐化"滤镜锐化图像

复制"图层1"图层,得到"图层1拷贝"图层,删除"图层1拷贝"图层中的发光效果,执行"滤镜>锐化>USM锐化"菜单命令,在打开的对话框中设置选项。

Step12 "表面模糊"滤镜让图像变干净

锐化图像后,执行"滤镜>模糊>表面模糊"菜单命令,打开"表面模糊"对话框,输入模糊参数,单击"确定"按钮,模糊图像,使化妆品变得更为干净。

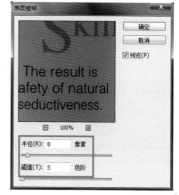

Step 13 调整饱和度

按下**Ctrl**键不放，单击
"图层1拷贝"图层，载
入选区，新建"色相\饱
和度1"调整图层，在
"属性"面板中选择"洋
红"选项，设置"饱和
度"为**+50**。

Step 14 提亮较暗的商品

再次载入相同的选区，
新建"色阶1"和"曲线
1"调整图层，并在"属
性"面板中设置，调整
选区内化妆品的亮度。

Step 15 调整商品颜色

载入选区，新建"色彩平衡1"调
整图层，输入颜色值分别为−1、
0、+4，新建"颜色填充1"调整
图层，设置填充色为白色后，将
该调整图层的混合模式更改为"柔
光"，"不透明度"调整为**10%**，
使化妆品变得更加的白皙。

Step 16 复制背景图像

打开素材\12\04.jpg素材文件，将
打开的水花图像复制到化妆品图像
下方，得到"图层2"图层，按下
快捷键**Ctrl+T**，打开自由变换编辑
框，调整图像大小，按下**Enter**键，
应用变换效果。

Step 17 绘制水花效果

载入"水花"笔刷，在"画笔预
设"选取器中单击选中载入的笔
刷，然后在"画笔"面板中将"角
度"设置为90°，创建新图层，调
整画笔大小，绘制水花效果，最后
添加文字。

12.4 亮丽色彩表现超萌儿童玩具

　　为了吸引小朋友的眼球，在儿童玩具的设计上，多会选择一些较卡通的图案与清新、明艳的色彩相搭配。对于儿童玩具的处理，可以从商品的色彩入手，先对灰暗的图像进行提亮，再使用"色相\饱和度"命令对照片的颜色进行设置，使画面中的玩具汽车变得更加可爱，从而达到更好的宣传推广效果。

示例 亮丽色彩表现超萌儿童玩具

● **难易指数** ★★★☆

● **技术要点**　更改混合模式调整亮度
　　　　　　　设置"曲线"提亮画面
　　　　　　　结合滤镜设置修饰细节

实例文件　素材\12\05.jpg
　　　　　源文件\12\亮丽色彩表现超萌儿童玩具.psd

Step01 调整照片的构图

打开素材\12\05.jpg素材文件，选用"裁剪工具"对照片进行裁剪操作，突出画面中间的玩具汽车，再复制"图层0"图层，将"图层0拷贝"图层混合模式更改为"滤色"。

Step02 更改混合模式

盖印图层，得到"图层1"图层，选用"污点修复画笔工具"去除玩具车上的白色反光。

Step03 降低局部色彩饱和度

新建"色相\饱和度"调整图层，并在"属性"面板中将"蓝色"和"青色"饱和度都设置为−100，然后单击调整图层蒙版，运用黑色画笔在汽车上涂抹，还原玩具汽车颜色。

Step 04 提高整体饱和度

再创建一个"色相\饱和度"调整图层，将"饱和度"滑块拖曳至+12位置，提高图像的色彩饱和度。

Step 05 设置"曲线"提亮选区

选择"矩形选框工具"，在选项栏中设置"羽化"值为300像素，在画面中间位置绘制选区，反选选区后，新建"曲线"调整图层，用曲线提亮边缘部分的图像亮度。

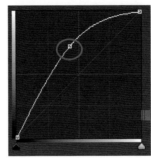 

Step 06 设置"曲线"

创建"曲线"调整图层，打开"属性"面板，在面板中单击并向上拖曳曲线，进一步提亮整张图像。

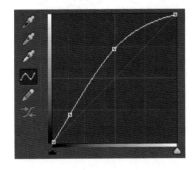

Step 07 去除杂色

盖印图层，执行"滤镜>杂色>减少杂色"菜单命令，打开"减少杂色"对话框，在对话框中设置选项后，单击"确定"按钮，去除杂色。

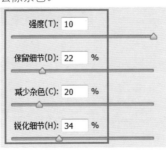

Step 08 设置滤镜模糊图像

复制图层，得到"图层2拷贝"图层，执行"滤镜>模糊>高斯模糊"菜单命令，打开"高斯模糊"对话框，设置选项模糊图像，再为此图层添加蒙版，运用黑色画笔在玩具车上涂抹，还原清晰的图像。

Step 09 复制图像效果

选用"矩形选框工具"框选图像上方的白色背景部分，复制选区内的图像，将复制的图像移至下方的透明背景上，添加蒙版，融合图像效果。